# AEROSPACE EQUIPMENT

# 航天装备

## 现代战争的天外奇兵

Extraterrestrials in Modern Warfare

丛书策划　李俊亭

丛书主编　游云　丁宁　编著　丁宁　张金明

国防工業出版社
National Defense Industry Press

**图书在版编目（CIP）数据**

航天装备：现代战争的天外奇兵 / 丁宁，张金明编著 .--
北京：国防工业出版社，2022.10
（武器装备知识大讲堂丛书）
ISBN 978-7-118-12465-1

Ⅰ.①航… Ⅱ.①丁… ②张… Ⅲ.①航天器—中国
—普及读物 Ⅳ.① V47-49

中国版本图书馆 CIP 数据核字（2022）第 166944 号

**航天装备：现代战争的天外奇兵**

责任编辑 刘汉斌

---

出版 国防工业出版社（北京市海淀区紫竹院南路 23 号 邮政编码 100048）
印刷 雅迪云印（天津）科技有限公司印刷
经销 新华书店
开本 710mm × 1000mm 1/16
印张 $20\frac{3}{4}$
字数 370 千字
版次 2022 年 10 月第 1 版第 1 次印刷
印数 1–6000 册
定价 85.00 元


国防书店：（010）88540777 书店传真：（010）88540776
发行业务：（010）88540717 发行传真：（010）88540762

# CONTENT ABSTRACT
# 内容简介

本书以科普形式介绍航天装备的基本概念、技术原理及发展历程，遴选了各航天强国有代表性的航天装备，讲述运载火箭、载人飞船、航天飞机、空天飞机、军事卫星和空间站等经典故事，并对航天装备的武器化和太空军事化的趋势进行了预测和展望。

本书适合广大青少年、航天爱好者，以及关心航天事业的读者阅读和收藏。

# 开场白
# Prologue

太空，宁静而深远，雄奇而壮美，我们在赞叹它浩渺无边之时，也在不断探寻领略它无穷的魅力，实践着一个个非凡的梦想。但当我们仰望星空之时，你可曾感受到利剑高悬……我们必须清醒地认识到，当今的世界并不安宁，和平年代也有激荡的风云！

多年来，随着科技的发展，太空漫步、九天揽月都成为现实，曾经遥不可及的太空已然成为可被人类利用的资源宝库。开发和利用太空可以拉动本国经济，带动其他产业的高速发展，如 GPS 卫星导航系统、通信卫星、资源探测卫星等都极大地方便了人类的生产生活。俗话说，有人的地方就有战争，空间安全也不断受到军事强国的重视。近几十年，军事航天持续发展，随着大中型运载火箭不断涌现，侦察、通信和导航卫星不断完善，空间态势感知、在轨操作和空间打击能力不断增强。日新月异的技术不断超出人们的预期，航天装备的发展也把原本平静的太空变成了人类新的战场空间。美国前总统肯尼迪曾说：

“谁能控制太空，谁就能控制地球。”太空虽然没有主权范围，但伊拉克战争、南联盟战争、阿富汗战争等一次次的战争实践，却在不断印证着肯尼迪的论断，太空已然成为一个国家的“高边疆”。

本书涵盖航天装备的基本概念、军事航天的基石——运载火箭、登天铁骑——载人飞船、往返天地的运输兵——航天飞机、跨越空天的多面手——空天飞机、影响战争的太空幽灵——军事卫星、太空军事基地——空间站、航天装备展望等内容，将故事性、知识性、趣味性融为一体，力求向广大青少年传递航天装备知识，使其走近航天、了解航天、热爱航天，激发其对宇宙空间的向往、对学习国防科技知识的热情。

由于航天装备的领域十分广泛，编者知识不足，疏漏和不妥之处在所难免，恳请读者批评指正。

编者

2022 年 9 月

# CONT 目录 《ENTS

## 1 走近航天 / 10



## 2 航天溯源 / 26



## 3 军事航天的基石——运载火箭 / 52

国之重器问天亮剑显神通，兵家必争大国博弈高边疆！

CONT 目录
« ENTS

# 1 走近航天

# 几个基本概念

1957 年 10 月 4 日，苏联发射了第一颗人造卫星"伴侣 -1 号"（Sputnik-1），从此人类的足迹也迈出了大气层以外的新领域——外层空间。"外层空间"有时候也被简称为"空间"，或称为"太空"，有时还被简称为"天"，是指地球大气层以上的空间，由存在于其中的多种天体、弥漫物质和广漠的空间所组成。因此，我们所说的航天装备指的就是运行于地球大气

从太空俯瞰地球

层以外的武器装备。

“太空”是汉语固有的词汇，在《现代汉语词典》中，太空指“极高的天空”。“太空”一词在科普界使用比较普遍，在国内科技界，包括航天领域这一用法尚不普遍，可能认为“太空”一词，不够专业和学术。而更多的用到“空间”这一词语，“空间”是英语“space”的直译，指地球大气层外或太阳系外的区域。

我们还经常提到“天空”，那天空指的是什么？天空和太空又有什么联系？我们以大气层的上边界为限，可以把天空分为两个部分：大气层以内的称其为空，离地面的高度一般不超过 110km。110km 也是一个国家领空的最高高度，普通意义上的飞机、飞艇等航空器就是在此范围内活动；而大气层以外的，包括大气层和其他天体以外的虚空区域，称为“天”，很多时候也习惯用“太空”这个词，即地球 110km 以上的空间，110km 也是人造卫星、航天器等可以运行的最低高度。本书中将提到的军事卫星、航天飞机、空间站等这些航天器就是在太空这个区域运行的，而空天飞机指的就是能够自由跨越“空”“天”两域的飞机。

而我们所说的“天”，也就是空间或太空，也可以根据航天器在地球宇宙空间运行的不同轨道分为 4 个区域：近地空间（120 ～ 150km）、近宇宙空间（150 ～ 2000km）、中宇宙空间（2000 ～ 50000km）、远宇宙空间（50000 ～ 930000km）。太空的自然环境与地球差别很大，高真空、高温差、失重，同时充斥

从太空俯瞰地球

着空间碎片和空间辐射。

与外层空间、空间这类概念相关的一个重要概念是“航天”。在《中国大百科全书》中，对“航天”的定义是：“载人或不载人的航天器在外层空间的航行活动，又称空间飞行或宇宙航行。”有人把太阳系内的航行活动称为航天，太阳系外的航行活动称为宇航。20世纪六七十年代，在钱学森先生的建议和倡导下，将先前的“空间飞行”“宇宙航行”“星际航行”“宇航”等名词统一为“航天”，用“航天活动”代替了“空间活动”，用“航天技术”代替了“空间技术”，用“航天装备”代替了“空间装备”，用“航天器”代替了“空间飞行器”。至今，这个词也得到了越来越普遍的应用。而航天器是指运行于外层空间的各种飞行器，基本按天体力学规律运行，如各类卫星、载人飞船、航天飞机、空间站等。

航天器按是否载人，可以分为载人航天器与不载人航天器两类。载人航天器又包括载人飞船、航天飞机、空天飞机和空间站。载人飞船是搭载人员执行短期航天任务的航天器，可以保证航天员在太空安全生活和工作；航天飞机是可以重复使用，往返于地面与空间的航天器；空天飞机是能够在普通机场起飞和降落，既能像普通飞机一样在大气层内飞行，又能像航天器一样在空间轨道飞行的载人飞行器；空间站是运行在地球轨道，可供多名航天员长期工作和居住的航天器。不载人航天器，可以分为人造地球卫星、空间探测器和空间平台。人造地球卫星和空间平台是环绕地球，在空间轨道上运行的航天器；空

降落在美军基地的 X-37B 空天飞机

间探测器是对地球以外的天体和空间进行探测的航天器。

如果按照航天器的用途分类，航天器也可按照应用领域的不同分为民用航天器、军用航天器及军民两用航天器。民用航天器主要服务于民用领域，提供民用领域的测绘、气象、导航等服务，或对地球、空间和其他天体进行科学考察或技术试验。军用航天器是以军事应用为目的的航天器，如各类侦察卫星、预警卫星等。军民两用航天器就是既可以用于军事用途，也可用于民用领域的航天器，如通信卫星、导航定位卫星、气象卫星和大多数载人飞船。

# 太空环境

“危楼高百尺，手可摘星辰，不敢高声语，恐惊天上人。”人类在迈入太空之前，对于地球之外的太空环境，更多的只是浪漫的幻想，尚存在于推测和理论研究之中。太空是航天装备的活动场所，对运行其中的军事航天器影响巨大，我们有必要像了解陆地和海洋一样，去了解一下太空环境的特点。人类一直生活在地球上，进入太空前，认为太空环境更多是美好的，便有了“上有天堂，下有苏杭”的美好比喻，不过真实的太空环境和想象中的美好却有着天壤之别。

太空环境极为严酷，总的来说，有 3 个特点：超低温、高真空和强辐射。自宇宙大爆炸之后，随着宇宙的不断膨胀，太空平均温度为零下 270.3℃，属于高寒环境。太空还是一个高真空，微重力环境，重力仅为地球重力的百分之一到十万分之一。在太空中，各种天体也在向外辐射电磁波，许多天体还向外辐射高能粒子，形成宇宙射线。对太空中运行的航天器也形成严峻的考验。地球作为太阳系的行星，又受到太阳的电磁辐射、太阳宇宙线辐射（太阳耀斑爆发时向外发射的高能粒子）和太阳风（由太阳日冕吹出的高能等离子体流等）的影响。许多天体都有磁场，磁场俘获上述高能带电粒子，形成辐射性很强的辐射带，如在地球的上空，就有内外两个辐射带。由此可见，太空还是一个强辐射环境。

航天员进行太空行走

## 宇宙速度

月球在地球的引力下，不需要动力，以自身的规律绕着地球不停地运转，成为地球的卫星。那么需要多大的速度才能成为绕地球运行的卫星呢？人们通常把航天器达到环绕地球、脱离地球和飞出太阳系所需要的最小发射速度，分别称为第一宇宙速度、第二宇宙速度（也称脱离速度）和第三宇宙速度。人类目前已经实现了两种宇宙速度，第一宇宙速度是人类最常用到的速度。在牛顿力学体系中，第一宇宙速度

“旅行者 1 号”探测器

是卫星的最小发射速度，也是最大环绕速度，数值大概为 7.9km/s。理论上，只要达到这一速度，你就可以脱离地面而环绕地球了。但是要突破地球的引力束缚，起码要达到第二宇宙速度，这个数值大约为 11.2km/s。例如，火星探测器的发射速度要先达到第一宇宙速度后，环绕地球，然后在地球轨道上不断加速到 11.2km/s 才能冲出地球。所以第二宇宙速度也称逃逸地球速度。逃出地球以后，接下来还受到太阳的引力作用，如果要摆脱太阳的引力束缚还需要加速到 16.7km/s，这就是第三宇宙速度。达到这一速度就可以逃出太阳系了，如“旅行者 1 号”探测器的速度就超过第三宇宙速度了。其实对于人类来说，我们还没有能力逃出银河系，因为银河系太大了。“旅行者 1 号”探测器逃出太阳系就需要 10 万年，逃出银河系起码需要上亿年。逃出银河系的速度就是第四宇宙速度，数值在 120km/s 左右。即使人类做到了这个速度，飞行器在飞出银河系的过程中，可能会面临很多的危险，甚至就直接消失在了银河系中，也不能给地球反馈到任何有用的信息。银河系具体有多宽，科学家也不是很清楚，所以这个速度也只是估计的，有可能更大！第五种宇宙速度就是飞出星系群，这就更难估测了，估计得用光年作单位了，速度应该达到了 2000km/s，人类估计要几百年之后才能实现！至于第六种宇宙速度那就是要脱离宇宙的边界了，人类至少目前还不敢想，对于军事航天来说，我们的关注范围还在太阳系内部，更别说银河系以及宇宙之外的世界了，不过未来一切都有可能！

# 航天器轨道

各类军事航天器，包括军事卫星、载人飞船及空间站，通常是通过运载火箭发射入轨的，这就涉及几个轨道相关的概念，如发射轨道、地球静止轨道、地球同步轨道等。卫星从进入轨道到陨落的时间间隔称为卫星的轨道寿命。由于卫星受到大气阻力的影响，实际轨道会不断下降，直到下降到 110 ～ 120km 高度的近圆形轨道时，大气阻力会使卫星快速进入大气层而烧毁。也就是说，对于没有轨道维持能力的卫星或航天器来说，是有寿命的，轨道高度越高，航天器的寿命越长。航天器在火箭发动机的推力作用下，从地面起飞，按照预先设计好的飞行程序飞行，当火箭获得预定的运动参数时，发动机关机，航天器与运载火箭分离后进入预定轨道。也可以进行变轨，从一个轨道变换到另一种轨道。变轨又分为平面内的轨道变轨和轨道倾角改变两种情况。

由于航天器的用途并不相同，因此其目标轨道也不同，尤其是轨道的高度差别比较大。因此，发射轨道采取的入轨方式也不相同。大致有 4 种形式：

（1）直接入轨。由运载火箭直接将航天器推到预定轨道，没有滑行段，一般适用于 150 ～ 300km 高度的航天器。

（2）滑行入轨。这种形式的发射一般需要经过 3 个阶段，即动力飞行段、自由飞行段和加速段。这种入轨方式多用于发射 2000km 以下的航天器，运载火箭的最后一级发动机还需要有两次启动能力。

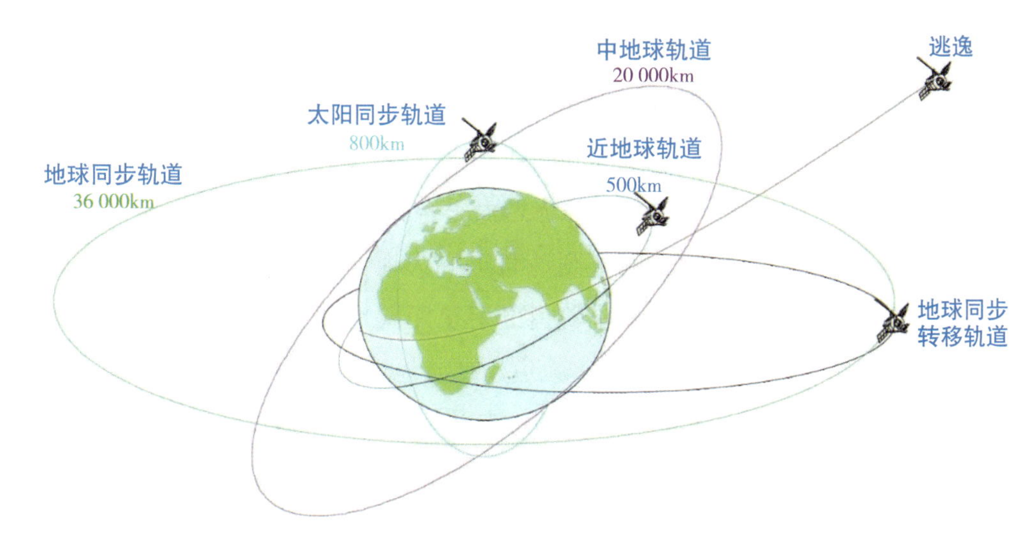


航天器轨道示意图

（3）转移轨道入轨。这种形式一般也由3段组成：动力飞行段、自由飞行段和加速段。其中动力飞行段的末尾，航天器的飞行角为零，且速度已经大于环绕速度，航天器进入椭圆转移轨道。经过半圈自由飞行后，在远地点处再次启动发动机，使航天器加速到按预定轨道飞行所要求的速度。这种入轨方式适用于轨道高度2000km以上的航天器。

（4）驻留轨道入轨。这种形式的发射轨道一般包括3个动力飞行段，2个自由飞行段。先通过第一个动力飞行段把航天器送入一条200～400km的圆形或椭圆形驻留轨道，航天器在驻留轨道自由飞行。选择适当时间和位置启动发动机，使航天器进入另一条转移轨道，当飞行至转移轨道的远地点时第三次使航天器加速进入目标轨道。这种入轨方式，多用于发射高轨道卫星，如地球同步卫星。

卫星绕地球运行的周期与地球自转周期相同的轨道称为地球同步轨道，是一种较为特殊的轨道，周期是 23h56min4s，与地球自转一周的时间相同。当轨道与地球赤道面重合，并且偏心率为 0（为圆形轨道）时，则该轨道称为地球静止轨道，简称静止轨道。静止轨道的卫星距离地球赤道海平面的高度为 35786km。轨道周期与地球自转一周时间相同，卫星运转方向与地球自转相同。对于地球而言，卫星像是静止不动的，故称为静止卫星，其星下点对应的是地球赤道上的一个点。正因为上述特点，静止轨道只存在于地球赤道上空唯一的一个圆周上，可以说是有限的太空资源。资源的分配由国际电信联盟（ITU）专门负责管理，各国需要向该组织提出申请，由该机构负责协调卫星的定点位置和使用的无线电频段。

一颗静止轨道卫星可以覆盖到地球表面大约 40% 的区域。卫星相对于地面不动，便于观察，地球站容易跟踪。因此，地球静止轨道被广泛用于通信广播、数据中继、气象观测、军事侦察等领域。

## 军事航空

航空指的是各类载人或无人的飞行器在大气层中的航行活动，大气层以内是“航空”的领域，大气层以外就是“航天”的领域。可以说是先有的航空后有的航天。人类自古以来就有飞天梦想，不过大多停留在一些神话传说和一些失败的尝试中，直到 17 世纪末期，蒙哥尔费兄弟设计的热气球进行了第一次载人飞行实验，才实现了人类翱翔天空的梦想。到了 20

无人机蜂群作战概念幻想图

世纪初，随着莱特兄弟第一架动力飞机升空，航空业也进入了突飞猛进的发展时期，人类驾驶飞机第一次横渡大西洋，飞机第一次作为交通运输工具搭载乘客，这些标志性事件都是航空史上的里程碑。

在第一次世界大战中，这种“会飞的机器”逐渐在战争中被派上了用场，先是用于侦察敌方战场情况，进而装上了机枪，开始进行空中格斗，后来又带上了炸弹，可以轰炸敌军地面部队。这样，在战争的硝烟中，战斗机诞生并发展壮大，逐渐衍生出了侦察机、轰炸机、运输机等各类军用飞机，逐渐成为战争中一支重要的力量。

到了今天，军事航空器已经不局限于载人的各类飞机，无人机正成为一支重要的空中军事力量。其用途也从最初的无人靶机发展为可以执行侦察、通信和打击等各类任务的空中利器，并随着人工智能等技术的发展，出现了可自主飞行和执行打击任务的无人机“蜂群”。

# 军事航天

在人类第一颗人造卫星升空后的第10年，也就是1967年，一部关于太空领域的“宪法”颁布，美国、苏联和英国联合签署了一份《外层空间条约》，该条约规定，任何国家都不能对太空宣示主权，禁止在太空放置核武器，104个缔约国约定和平探索宇宙、平等利用太空。美国一位战略学家丹尼尔·格雷厄姆曾说：“在整个人类历史上，凡是能够最有效地从人类活动的一个领域迈向另一个领域的国家，都能获得巨大的战略优势。”进而指出，太空是国家新的“高边疆”。外层空间也逐渐成为世界各国尤其是航天大国争夺的重要场所，外层空间的军事化、武器化衍生了一个新的名词——军事航天。

航天是人类借助载人或不载人的航天器冲出地球大气层到太空活动。广义地讲，航天活动既包括环绕地球的运行，也包括飞往月球或其他行星的航行。不过直到今天，军事航天的目光更多也是围绕地球，以求达到“以天制地”的效果。随着航天装备发挥越来越重要的作用，过去的三维战场已逐渐扩展到外层空间，使太空成为陆、海、空之外的第四维战场空间，已然成为战争新的战略制高点。

由于军事斗争的迫切需要，航天技术和人类创造的许多高新技术一样，首先应用于军事领域。军事航天的应用领域主要包括航天监视、航天支援、航天攻击与防御、航天勤务保障4个方面，军事航天的产生极大增强了军事活动中侦察和指挥的能力。

联合国大会通过了《外层空间条约》

航天监视是通过航天器上的各种侦察探测设备，在平时和战时对地面目标进行监视，迅速地获得其他手段难以得到的情报。各类军事侦察卫星居高临下，全时域监控着地球上的一举一动，为军事行动提供了各类情报。具有运行轨道高、运行速度快，不受国界和地理条件限制的特点，可定期重复监视某个地区。目前，航天监视已广泛应用于战略和战术侦察。

航天支援是利用军用航天器来支援陆、海、空作战行动，以增强军事行动的效能。执行航天支援任务的航天器有通信、气象、导航、测绘等军民两用人造卫星。目前，航天支援已广泛应用于实战。例如：导航卫星为地面战车、空中战机、水面舰船提供了“千里眼”；通信卫星为各类军事行动提供了全球化的军事通信网络。各类军事航天器的应用，将战场变得越发透明，将全球联成一张网。

航天攻防是利用军用航天器作为搭载武器的平台，从平台上发射武器，攻击敌方军用卫星或弹道导弹，也包括部署在地面、海洋与空中，用于攻击太空目标的武器。今天的技术发展，已使拦截卫星、撞击卫星或摧毁卫星成为现实。随着航天技术的进一步发展，将出现具有攻防兼备能力的军用航天器，在外层空间进行军用航天器之间用各种软硬杀伤手段进行格斗以夺取制天权的天战。

美国 GPS 导航卫星

航天勤务保障是利用天地往返运输器对已在外层空间运行的航天器实施检测、维修、补充消耗器材，直到组装建造新的军用航天器。执行航天勤务保障任务的军用航天器，主要包括载人飞船、空间站、航天飞机和空天飞机。

在历次局部战争中，军用卫星的应用对战争的结局起到了重要的甚至是决定性的作用，极大地提高了现代军队的组织指挥和保障能力，致使武器系统作战效能大幅跃升，现代战争已经离不开军事航天，谁拥有了军事航天，谁就掌握了战场的主动权。随着各国在太空中军事力量的发展，围绕制太空权，太空中的战场争夺也已经展开。当前，太空中的军事活动，军事航天的作用还仅局限于对地球战场的战略支援保障，真正太空域内的直接对抗，如卫星与卫星、导弹与卫星之间的较量还未开始。

## 军事航天技术

军事航天技术是以军事应用为目的，研究和解决如何将各类军事航天器送入太空并执行各类军事任务的综合性工程技术，用以完成侦察、摧毁、截获、通信、监测、导航、定位测绘和气象测报等各种军事航天任务。军事航天是复杂的系统科学，涉及众多专业和部门，如果我们按照系统工程的方法对军事航天技术进行分类，可以将军事航天技术大体分为运载器技术、航天器技术和航天测控技术 3 个部分。

（1）运载器技术。运载火箭是将各种人造地球卫星、飞船、空间站等航天器送入太空的运输工具，是进入空间开展各类空间军事活动的基础，是一项关键

运载火箭发射

的军事航天能力。在飞行器的发展历史上，导弹技术和运载火箭技术是密不可分的。最初的运载火箭就是在洲际弹道导弹的基础上改装而成的。随着技术的发展，世界主要军事强国继续推进大中型航天运载火箭的研制，朝着一箭多星、可重复运载火箭的方向发展。

运载火箭主要由动力系统、控制系统、箭体结构系统和无线电测量系统组成。动力系统是火箭的“心脏”，由火箭发动机和推进剂组成，是火箭实现飞行的原动力。控制系统由制导、姿态控制系统及程序等分系统组成，是保证火箭稳定飞行的“大脑”，确保火箭精确地进入预定轨道。箭体结构系统包括整流罩、仪器舱段、贮箱、尾部舱段、级间舱段和各舱段

俄罗斯“联盟号”飞船装配车间

连接、分离机等机构。各舱段分别用于安装航天器、制导系统、无线电测量系统和动力系统。箭体结构要保证火箭具有良好的气动外形，保护箭体内各种仪器的正常工作，还要承受外界各种载荷。无线电测量系统则是通过一些小型遥测、遥控收发仪，实现对火箭的实况测量和跟踪。

（2）航天器技术。航天器是指从地球发射到太空中，能够完成一定使命任务的空间系统。按是否载人，可分为无人航天器与载人航天器两大类。无人航天器按是否环绕地球运行，又可分为人造地球卫星和空间探测器两类。人造地球卫星按不同的用途，通常又包括通信、气象、导航、侦察等卫星。载人航天器也可分为载人飞船、航天飞机和空间站 3 类。

航天器一般由通用系统和专用系统组成。通用系统一般指各类航天器均需要的必备系统，如结构系统、温控系统、姿态控制系统、无线电控制系统、轨道控制系统、电源和计算机系统等。专用系统是根据航天器担负的任务不同而按需设置的，如侦察卫星的照相系统、通信卫星的转发器和无线电系统等。

（3）航天测控技术。航天测控是为了保证航天器在轨道上正常工作，时刻与地面保持密切的联系。因此，航天测控技术也是军事航天技术中必不可少的组成部分，通常由航天器所载测控设备和地面测控系统组成，主要任务是对航天器进行遥控、跟踪与通信。地面测控系统由众多测控站和测控船组成，通常配备有各种精密的电子设备，负责对航天器进行跟踪、定位、遥测和通信。

# 航天装备

航天武器装备，简称航天装备，指的是用于实施和保障空间作战行动的武器、武器系统，以及与其配套的军事技术装备与器材。航天装备是一个功能协调、结构严整的有机体系，主要包括航天器、航天运载工具、航天发射场、航天测控系统和航天应用系统五大系统。航天装备是现代高技术武器装备的重要组成部分。美、俄等军事强国非常重视航天装备的发展，航天本身具有天然的军民两用属性，即使是民用卫星，大多数都可以用作军事用途。在实战中，航天装备也扮演了重要角色，在海湾战争和阿富汗战争中，各类军用卫星在军事通信、情报获取、目标定位等方面发挥了极大的作用，对战争进程和结果产生了重要影响，航天装备在未来战场的应用也将越来越广泛，发挥越来越重要的作用。

有效利用空间已经成为一体化联合作战的关键，因此，军用航天器也正成为军事航天活动的主角。主要包括军用卫星、载人航天器和空间武器。军用卫星是用于各种军事目的的人造地球卫星的统称，是战场综合信息系统的中枢。军用卫星按用途不同，可分为侦察卫星、海洋监视卫星、军用通信卫星、导航卫星、气象卫星和测地卫星六大类。军用卫星也是发射数量最多的一类卫星，已达 2000 多颗，占世界各类航天器发射数量的 2/3 以上。随着侦察、导航、通信等领域不断取得技术突破，军用卫星将在未来作战中发挥更大作用。

美国肯尼迪航天中心

未来空间武器幻想图

军事载人航天器实际上就是载人航天器的军事应用。载人航天器包括载人飞船、空间站、航天飞机和空天飞机，各类载人航天器都可执行军事任务，其广阔的军事应用也有待去进一步开发。例如，空间站，可供航天员长期居住和工作，在军事上可作空间指挥

所和空间军事活动的基地，可以作为其他航天器停靠的“码头”，甚至是空间武器的发射平台。以空间技术谋取制天权已经成为信息化战争制胜的关键。空间武器主要包括核能武器、动能武器、定向能武器、电子对抗武器。

# 航天溯源

## 人类飞天早期探索

自从有文字记载以来，无数的先驱们就开始梦想着有朝一日能够冲上云霄。不过，直到19世纪末，人类进行的一切战争，不管是在陆地还是水面，都没有摆脱二维平面的束缚。

人类似乎从鸟类的飞行中，得到了灵感。公元前850年，一名英国人给自己的双臂绑上了鸟的翅膀，从罗神殿上一跃而下，结果坠地身亡；公元1000年左右，一名阿拉伯人给自己装了一对木制翅膀，从一座塔顶跳下，结果坠地身亡；500年后，一名葡萄牙人在用两对人造翅膀做飞行尝试中受重伤去世……看来如果不借助外力，只凭借人类自身的力量，能扇出的风实在太小，速度也不够快，升力不够，是不能实现飞天梦想的。

众所周知，秦始皇称帝后，为追求长生不老，多方寻找长生不老之术，一些江湖术士为迎合统治者需要，开始炼丹，寻求长生不老药，这个过程中，炼丹术逐渐发展起来。中国古代的炼丹方士在炼丹的过程中，大胆地进行着各种实验，常常会发生意外，经常发生爆炸，顺着这条路，经过不断的探索，炼丹者终于找到了火药的有效配方，将硝石、硫黄和焦炭按正确的比例和合适的手段混合。他们把发明物称为火药。这个词一直沿用至今，通过字面上的分析不难发现，它是源自制药的副产品。不过最初的火药并不是“易燃易爆品”，科学家复原了历史记录中的配方，吃惊地发现，那些火药混合物居然很难点燃，只能用烧

宋朝时火药已经开始用于战争

红的铁锥才能奏效。而且他们发现早期的火药配方只有在空气中才能发生反应，放置在密闭容器中，燃烧得非常缓慢。也就是说，早期的火药还处于十分原始的阶段，不可能制造武器或制造火箭。火器第一次用在战争中也是在宋朝，随着火药的制造技术越来越好，逐渐引起了军事家们的青睐，并逐步走向战场。北宋时期，政府鼓励火药箭的试验，奖赏发明者。公元 970 年，一个叫冯继升的人被掌管兵器制造局的官员请去，为帝王演示新式的火药箭。试验成功，发明家得到了慷慨的奖赏。

军队开始使用火器，用装有火药的弹丸来代替石弹，所以后来“砲”字改为“炮”字。北宋宋仁宗时期，有一部举世瞩目的兵书——《武经总要》。其中详细记载了好几种火药武器，这时的火药还没有爆炸效果，主要用于火攻，可以焚毁敌人攻城武器，或用于攻城过程中，这说明火药已经开始用于战场了。到了明代后期又出现一种著名的炮型，就是从国外传入并被明朝仿制的弗朗机炮。明朝人称现在的葡萄牙、西班牙人为弗朗基人，因此便将这种大炮称为弗朗机炮。这是一种重型火炮，重 1t 多，采用了子母筒装弹方式。子筒类似于现在的炮弹，母筒就是炮管，可以备用多个子筒装弹，因此射速快。同时，也出现了用弓弩发射的火药箭。不过，这时的火药箭还不是我们现代所说的火箭，只是古代军队用于战争的武器。火箭的发明和黑火药的发明几乎是同时代的事情。当把火药装进一个一头封闭的金属筒，而且开口向下，火药燃烧喷出的燃气就会推动金属筒本身飞起来，这就是最原始的火箭，其基本原理同今天的固体火箭并没有什么不同，可以说是固体火箭的雏形。火药箭通常由箭头、箭杆、箭羽和火药组成。火药筒里填充火药，上端封闭，下端开口，筒侧小孔引出导火线。点火后，火药燃烧产生大量气体向后喷射，产生向前的推力，这就是现代火箭的雏形。

到了明代，火箭不但被用于战争，还出现了火箭载人的尝试和探索。世界上第一个设想乘坐火箭飞天的“宇航员”就是明代学者万户。据文献记载，万户的本名叫陶广义，因善制火器，并在朱元璋打江山的过程中屡建奇功，被朱元璋封赏为“万户”，此后人们多以“万户”称之。晚年的万户渴望飞上蓝天，于是他想到了自己擅长的火器技术。经过一番准备，万户制成了一把认为能上天的椅子，将 47 支自制火箭绑在蛇形飞车上，落座后又手持 2 个大风筝。

这项计划如此疯狂，为火箭点火的仆人惊恐不已，劝说万户：“倘若飞天不成，主人的性命怕是难

万户飞天雕像

达·芬奇设计的直升机

保。”万户则豪迈地笑道：“飞天，乃是我中华千年之夙愿。今天，我纵然粉身碎骨，血溅天疆，也要为后世闯出一条探天的道路来。你等不必害怕，快来点火！”然而遗憾的是，“火箭椅”未能升空，万户在爆炸中被炸成碎片。虽说万户的飞天梦想并未实现，却是世界上第一个尝试以火箭作为升空动力的人，因而被称为“世界航天第一人”。为了纪念万户，国际天文学联合会将月球表面坐标西经 138° 、南纬 9.5° 的环形山命名为“万户环形山”。

与此同时，西方世界有人在 14 世纪提出，“装入火和乙醚的容器可以浮在空气中”的构想。1480 年左右，意大利著名艺术家、科学家达·芬奇绘制出了原始的“螺旋面”直升机原理草图，并在之后创作出 200 多幅飞行器设计草图。不过在实践层面上，15 世纪与 16 世纪的西方飞行探索者们，似乎更倾向于模仿鸟类飞行方式。

据相关资料记载，1499 年意大利数学家丹蒂，计划利用金属骨架制作的羽毛翅膀飞越特拉西梅诺湖，结局以失败告终。8年后，意大利人约翰·达米亚身披鸡毛粘成的翅膀，在英国斯特林城堡纵身跃下。然而"人造翅膀"未能帮助约翰摆脱地心引力，大腿骨被摔断的他，也不得不放弃飞越英吉利海峡的计划。在此后的百年时间中，仍有多位勇士尝试了人造翅膀飞行的挑战，结局自然也是可想而知的，甚至有人为之献出了宝贵的生命……

随着基础科学的发展，"万有引力及运动法则""论流体动力学"等科学理论相继被提出，人们从对梦想的冲动与对传说的痴迷中醒来，关注的重点也从无谓的冒险尝试转向理论研究，使得人类对飞天梦的追寻更为理性、更具科学性。

时光回溯到1783年9月，在法国国王路易十六以及3万观众的见证下，蒙哥尔费兄弟设计的热气球，载着绵羊、鸭子和公鸡各一只，上升至450m（有说法称是518m）的空中，并在飞行8min后安全着陆。蒙哥尔费热气球被公认为世界上第一个热空气气球，同时这也是人类首次搭载动物进行的升空飞行试验。第二次工业革命，为飞行器动力领域带来了巨大飞跃，同时也开启了真正意义上的飞机研制与探索。而从事飞机研制工作的发明家以及科学工作者们，注定不会忘记那个年份——1903年。在那一年的12月17日，美国莱特兄弟来到北卡罗来纳州的基蒂霍克，驾驶着由发动机驱动的双翼飞机"飞行者一号"，完成了世人公认的人类首次有动力飞机载人飞行创举。此后，飞机进化与发展的脚步从未停止过，人类的飞行距离也从视线所及的天空拓展至宇宙空间……

## 航天先驱的理论奠基

科学与技术密不可分，科学解决理论问题，技术解决实际问题。航天装备的发展更是少不了航天理论的奠基，可以说是人类进入太空的钥匙。而找到这把钥匙，也是通过几百年的探索，众多科学家共同努力的结果。我们这里起码要提到以下几位科学家：英国的艾萨克·牛顿、俄国的康斯坦丁·齐奥尔科夫斯基、美国的罗伯特·戈达德和德国的赫尔曼·奥伯特。

人类对太空的探索从未停止过，不过直到17世纪，人类才找到打开太空大门那把正确的钥匙。在望远镜的帮助下，伽利略发现宇宙远比人类之前所认为的要大得多，开普勒用望远镜探究科学，开创了天文观测学，并提出了行星运动三大定律。不过仅通过望远镜的观察，并不能让人类打开宇宙之门，直到一部颠覆性的著作诞生。科学家牛顿在1687年，发表了一部革命性的著作《自然哲学的数学原理》，这部被简称为《原理》的著作，展示了一种新的物理学，同时也建立起了一个崭新的科学体系。

《原理》全书大约600页，其核心主要是运动三大定律和万有引力定律。也正是这几个基础的定律，构建起了牛顿科学体系，为人类走向天空，走向宇宙提供了最基础的理论奠基。牛顿解释了力的来源，阐述了力和运动状态之间的关系。他根据第三运动定律预言：人类将飞向太空。人们知道，想要飞向宇宙，就要找到克服地球重力的正确方法。

从19世纪末到20世纪上半叶，在火箭技术方面进行理论探索的代表人物是俄国的齐奥尔科夫斯基。齐奥尔科夫斯基是一位完全自学成才的科学家。以他名字命名的齐奥尔科夫斯基公式，至今仍是火箭设计的基础理论之一。

1857年9月17日，齐奥尔科夫斯基出生于俄国梁赞州的伊热夫斯村。父亲是护林员，母亲出身工匠之家，家境贫寒，儿时过着艰辛的生活。更不幸的是，齐奥尔科夫斯基10岁时患上严重的猩红热病，双耳失聪，尚未读完小学就不得不辍学在家。在父母的辅导下，他靠顽强的毅力自学了小学和初中课程，并养成了勤于思考的习惯。14岁时，他从物理书中获得知识，尝试着做风扇推动的车模型，做纸袋充氢气飞行，绘制想象中的飞行器草图。

齐奥尔科夫斯基倾尽了全部精力和时间，研究飞机、火箭技术，在世界上还没有能飞上天的飞机的时候，他已经超前地画出了人造卫星的样图，并提出要依靠火箭来发射卫星，甚至还描绘了星际航行器和太空城市。可以说，在世人还不知道“门”后面是什么的时候，齐奥尔科夫斯基已经通过“锁孔”描绘“门”后的世界了。1897年，齐奥尔科夫斯基研究出火箭运动速度的计算公式。他提出，火箭排气速度的大小是决定火箭末速度的关键因素。在火箭排气速度一定时，为提高火箭速度，需要尽量提高总质量与结构质量之比，为此，他于1929年，又提出了建造多级火箭的设想。他还认识到，火箭排气速度取决于燃气的温度和气体分子的质量，从而设想了液体火

莫斯科太空纪念碑及齐奥尔科夫斯基雕像

箭，特别是，他还提出使用液氧作为氧化剂，液氢作为燃烧剂。慢慢地，他的理论开始被人们接受。他还对宇宙航行中其他一些理论和技术问题做了具体的阐述。在 1903 年和 1911 年，齐奥尔科夫斯基两度用俄文发表了他的有关理论计算结果。但是他自己从来没有发射过一枚火箭，但由于他在航天理论方面的杰出贡献，被尊称为航天理论奠基人。

时间最终证明了齐奥尔科夫斯基的正确判断，1926 年 3 月 16 日，第一枚液体火箭发射升空，1957 年 10 月，苏联发射了世界上第一颗人造地球卫星。人类打开了通往宇宙的大门，开启了太空旅程。

除了齐奥尔科夫斯基的成就，美国火箭专家罗伯特·戈达德也是历史上著名的一位航天先驱。戈达德，美国教授、物理学家和发明家，液体火箭的发明者，被公认为现代火箭技术之父。戈达德有句名言："昨天的梦想就是今天的希望、明天的现实。"正是戈达德的科学研究才使我们今天有机会实现许多飞天的梦想。在齐奥尔科夫斯基的理论基础上，戈达德终其一生，发射了世界上第一枚液体火箭。他的多级火箭设计思想到今天还在用，从某种意义上来说今天的火箭都是戈达德火箭。

还有一位理论先驱的名字也不得不提，就是德国火箭专家赫尔曼·奥伯特，被人称为欧洲火箭之父，是现代航天学奠基人之一，与齐奥尔科夫斯基和戈达德齐名的航天先驱。他有关火箭推进的经典著作，被整整一代工程师视为航天领域的"圣经"。

1894 年 6 月 25 日，奥伯特出生于奥匈帝国的特兰西瓦尼亚，由于边界的变更，后来属罗马尼亚，而他本人却是德国国籍。奥伯特 11 岁时对科幻小说十分感兴趣，因为凡尔纳的《从地球到月球》和《月球旅行》，而迷上了星际旅行。第二年，他做出了这样的断定：反作用推进的火箭提供了唯一一种实现太空飞行的方式，巨大的火箭一定会用于未来的宇宙飞船。奥伯特也有过参战经历，在第一次世界大战中被征召入奥匈帝国军队当兵，中断了医学学习，但他专注于宇宙航行的基础理论研究。从军期间，他广泛涉猎了关于火箭和宇宙航行的著作，其中包括齐奥尔科夫斯基的著作。他不仅自己参加过战争，他的一个儿子也在第二次世界大战中应征入伍，并在战争中捐躯。另外，一个女儿则在 1944 年 8 月工厂氧气瓶爆炸的意外中丧生。

1923 年 6 月，奥伯特发表了那部 92 页的经典著作《飞往星际空间的火箭》，用数学阐明了火箭如何获得脱离地球引力的速度。该书 1929 年经过修改和充实改名《通向航天之路》，对早期火箭技术的发展和航天先驱者有较大影响。这部著作使奥伯特获得了罗伯特·埃斯诺 - 贝尔特利和德烈·赫尔什创设的航天奖学金。

1941 年，奥伯特到佩内明德研究中心参与 V-2 火箭的研制工作，并制定了 A-9 和 A-10 多级火箭计划，打算从海上攻击美国华盛顿。他的工作虽然没有直接参与发展后来的 A-4 火箭发动机，也就是著名的 V-2 火箭，但 A-4 火箭却完全是以他的理论框架为基础的。1943 年，奥伯特被派到易北河畔，研究固体推进剂防空火箭，成为研究防空火箭的第一人。第二次世界大战后，他被美国监禁了 3 个月，1945 年 8 月获释。1948 年，他侨居瑞士任火箭技术顾问。1950 年，他被意大利海军招聘，继续研究固体推进剂防空火箭，后返回德国纽伦堡从事教学工作。1951 年，他离开德国到美国与布劳恩合作，共同为美国空间规划工作。1955—1958 年，在美国任陆军红石兵工厂的顾问。这期间他写了两本书，一本是对 10 年内火箭发展的可能性做展望，另一本谈到了人类登月往返的可能性。

1958 年，奥伯特退休回德国，被选为联邦德国空间研究学会的名誉会长，但其大部分时间用来思考哲学问题，这也许是许多德国科学家的习惯。奥伯特在自传中谈到他少年时代的渴求时，做了一个形象的比拟："骆驼能够在它们渴了的时候发现新的水源。也许某种可以类比的东西在我身上发生了……"这个类比，用作奥伯特一生的比拟也是恰当的。奥伯特有着像骆驼一样的务实精神。在他的开拓性的火箭研究成果没有被目光短浅者认可时，他克制着自己没有再申请博士学位。他想，没有博士头衔没关系，事实将证明他能成为比否定他的人更伟大的科学家。

## 液体火箭的兴起

液体火箭，顾名思义就是采用液体推进剂作为燃料的航天火箭，基本上就是将火箭携带的氧化剂和液体燃料混合起来，进行燃烧并为火箭提供动力。

谈到液体火箭，大家想到的可能是第二次世界大战期间纳粹德国研制的秘密武器——V-2 导弹。它打开了导弹用于战争的潘多拉魔盒，随着德国战败，液体火箭技术被输出到苏联、美国等国家。不过最早提出液体火箭发动机的国家并不是德国或美国，而是俄国。在 1903 年的俄国，沙皇俄国时期的科学家齐奥尔科夫斯基就提出了液体火箭发动机的构想，甚至还绘制出了液体火箭的原理结构草图，且与今天主流的液体火箭基本原理并无差别。不过遗憾的是，当时并没有研制出火箭实物，20 年后，1926 年 3 月 16 日，美国火箭研制的先驱者、科学家戈达德研制的世界上第一枚液体火箭发射成功。这枚火箭采用了汽油和液氧作为燃料，火箭长约 3.4m，发射时质量为 4.6kg，飞行了 2.5s，高度 12.5m，飞行的距离只有短短的 56m。与今天的火箭比起来可能微不足道，但确是人类飞向太空的开端。

戈达德 1882 年 10 月 5 日生于美国马萨诸塞州的小城乌斯特，家中自曾祖父起三代都以机械制造为生。爱好机械的基因似乎也遗传给了戈达德，在小学时期，班上同学流行养青蛙，很多孩子用小网捞几只蝌蚪装瓶子里就很满足了。戈达德用电动马达带动水车，使水在大水槽中得以循环，给池中的蝌蚪提供氧

戈达德与他的液体火箭

气，不久，家里的水槽被长成的青蛙填满了。他甚至宣称，长大以后要经营一家青蛙农场。

戈达德 16 岁的时候读到威尔斯的经典科幻小说《星球大战》，开始对未知的宇宙空间产生了浓厚兴趣，种下了探索航天，研究火箭的种子。从他的自传中我们能看到，这些科幻小说极大地激发了他的热情和想象。人类一直有飞向宇宙去另一个星球的梦想，戈达德一直在思考如何让这些梦想变为现实的可能途径。1899 年的一天，他在日记本中写下："天气晴，我看到门口的樱桃树太高了，觉得需要修剪。当我爬到树干上，准备拿个锯子锯下去，忽然我看到原野的地平线上，仿佛有个金属气球冲上天空，背后喷出一种气体，从来没有人用过这种气体。我一下子明白，问题不是气球太重，而是有一种燃料还未被发现。我知道这是白日梦，原野仍如往昔平静。但当我从树上爬下来，我深深地知道，我跟以前完全不一样了。”

戈达德把图书馆以前不爱看的物理与数学书搬回来，他知道要了解气体需要物理，知道气体燃烧计算就需要数学。1904 年他以高中第一名考入渥切斯特技术学院，以后的 7 年，从入学到后来在克拉克大学获得物理学博士，始终保持着第一名的成绩，当时的普林斯顿大学也要聘他去任教。他在 1919 年撰写的《到达超高空的方法》被认为是 20 世纪的火箭科学经典之一。他从 1909 年开始进行火箭动力学方面的理论研究，3 年后点燃了一枚放在真空玻璃容器内的固体燃料火箭，证明火箭在真空中能够工作。1926 年 3 月 16 日，在马萨诸塞州沃德农场成功发射了世界上第一枚液体火箭。直到 1929 年，被报纸报道，全国才知道有这么个人在发射火箭。当时的报纸称戈达德是“火箭人”“月亮人”，更多的是一种戏弄和讽刺，招来了很多讥笑——“都什么年代了，还在做梦飞到其他星球。”面对媒体的冷嘲热讽，戈达德说：“最好的办法是堵住自己的耳朵，走自己的路。”在反对的声浪中，还是有不同的声音发出，独自驾机飞越大西洋的航天英雄查理斯 · 林白就是其中之一。他拜访戈达德后，宣称：“快速的不仅是火箭，而是戈达德观念已经超越时代，飞到未来。”林白以他的知名度，为戈达德募捐。在史密森学会和众多社会募捐的支持下，1935 年 5 月在新墨西哥州的沙漠，一枚安装了制导系统的液体火箭，成功发射到 1.46km 的高度，人类火箭第一次超过了声速，世人也逐渐知道了火箭的威力，给后来火箭的发展带来了曙光。此外，还获得火箭飞行器变轨装置和用多级火箭增大发射高度的专利，并研制了火箭发动机燃料泵、自冷式火箭发动机和其他部件。他设计的小推力火箭发动机是现代登月小火箭的原型，曾成功地升空到约 2km 的高度。他一共获得过 214 项专利，不过让人意想不到的是，其中 131 项是在他死后由他的妻子帮他申请获得的。

要说戈达德开创了液体火箭的先河，德国制造的 V-2 导弹则为后来液体火箭的发展奠定了基础。戈达德虽然成功地发射了世界上第一枚液体火箭，但最初并没有引起美国政府的重视和支持，所以到他逝世时美国的火箭技术还远远落后于德国。不过在德国却有一批推崇者，1936 年，德国派遣外交武官和间谍弗里德里希・冯・波蒂谢尔到美国。波蒂谢尔自称曾访问位于罗斯威尔的火箭发射场，目睹了发射过程，并带回一份 4 页的报告。德国用戈达德的原理制成了 V-2 导弹，在第二次世界大战中发挥了威力。

1925 年德国一家叫奥比尔的公司，研制出了火箭推进器，用于竞赛用的汽车上，这种极具科技感的推进装置吸引了德国军方的注意。到了 1929 年，德国的火箭推进器研制已经初具规模，一批德国科学家创建了一个名为“德国宇航协会”的民间组织，德国军方也于 1932 年开始招募协会的会员，开始系统地研

矗立在发射架上的 V-2 导弹

制火箭推进技术。那时，年轻的冯·布劳恩就是其中一员。在他们的导弹射程增长到 170km 时，军方认为已初具作战能力，被纳粹德国定名为 V-1，后经不断地改进和优化，在 1942 年定型了后来的 V-2 导弹，使用液氧和乙醇作为推进剂，拥有 350km 的作战距离，可搭载 1000kg 高能炸药的弹头。1942 年 9 月 8 日，V-2 导弹通过预设轨道成功轰炸伦敦，自此闻名于世。不过这时的 V-2 导弹也称不上成熟，命中率不高，故障频发。虽然 V-2 导弹没有给英国带来多少毁灭性打击，但其恐怖的马赫数为 5 的速度到了战后也让美苏等国为之惊叹，而且 V-2 导弹能够飞到距地 100km 的高空，意味着 V-2 导弹是人类第一款进入过太空的航天器。

第二次世界大战结束后，V-2 导弹的设计者冯·布劳恩以及 100 多位研究人员通过美国的“回形针”计划，被接到了美国本土。当美国人向冯·布劳恩请教火箭制造技术时，德国专家却不解地问：“我是从贵国的戈达德教授那里学来的，你们为什么不去向戈达德教授请教呢？”但当美国人去寻找戈达德时，一切都晚了。

戈达德于 1945 年 8 月 10 日，因罹患喉癌病逝于马里兰州巴尔的摩。他的墓碑上写着：“昨日的梦想是我今日的希望，也是我明日的实践。”直到 1961 年苏联宇航员加加林上天后，美国才发表了戈达德 30 年来研究液体火箭的全部报告。后来，他被誉为美国的“火箭之父”，美国宇航局的一座空间飞行中心被命名为“戈达德空间研究中心”。

戈达德的一生是坎坷而英勇的。他所留下的报告、文章和大量笔记是一笔巨大的财富。对于他的工作，冯·布劳恩曾这样评价过：“在火箭发展史上，戈达德博士是无所匹敌的，在液体火箭的设计、建造和发射上，他走在了每一个人的前面，而正是液体火箭铺平了探索空间的道路。当戈达德在完成他那些最伟大的工作的时候，我们这些火箭和空间事业上的后来者，才仅仅开始蹒跚学步。”

后来，随着苏联用SS-6洲际导弹改装成运载火箭将世界上第一颗人造地球卫星送入近地轨道，从此液体火箭作为航天运载工具正式登上历史舞台。不过，最初推进剂采用汽油和液氧，或用酒精和液氧，虽然取材方便，但是致命缺点是比冲低。到了冷战时期，美苏两国采用了液氢液氧的推进剂，比冲高达457s。美苏两大竞争对手在大推力液氢液氧发动机的研制上都有突破，不过这类燃料都存在蒸发的问题。因此贮箱不能完全封闭，否则随着温度上升有爆炸隐患。如果军用火箭采用这种方式，那无论是从日常管理、安全性（防静电）、费用上都是难以保证的。从战备要求更高的军用火箭的实用需求出发，人类又找到了一种更符合要求的燃料——肼燃料和液氧煤油。今天常用的液体氧化剂有液态氧、四氧化二氮等，燃烧剂有液氢、偏二甲肼、煤油等。时至今日，液体火箭技术仍在最初的基础上不断发展。

# 苏联第一颗人造卫星

1934年，俄罗斯“航天之父”齐奥尔科夫斯基会见了一个迷恋于飞行的年轻人，名叫米哈伊尔·吉宏拉沃夫，这个年轻人就是世界第一颗人造地球卫星的总设计师。一番交谈过后，齐奥尔科夫斯基帮助吉宏拉沃夫拟订了一批研究计划，其中就包括了研制人造地球卫星的计划。这时还处于战争期间，吉宏拉沃夫没有条件实施他的计划。斯大林时代，空间技术被认为妨碍了国家军事进步，挤占了军事发展的资源，遭到了严令禁止。随着第二次世界大战的结束，到了赫鲁晓夫执政时期，这种情况有了很大变化，由于政治上的“解冻”和洲际导弹的试验成功，空间科技得到了长足的发展。吉宏拉沃夫的卫星研究计划也引起了苏联火箭专家科罗廖夫的关注，1985年，科罗廖夫向苏联国防部导弹装备部长，后来的苏联国防部长乌斯季诺夫提出了研制人造地球卫星的计划，并指出：“我们已经有了洲际导弹，只要造出卫星就能发射了，这也将是人类走向太空的重要一步。”1955年8月，苏联政府批准了科罗廖夫建造人造地球卫星的计划，并在当时的苏联科学院成立了人造地球卫星委员会。在科罗廖夫的支持下，项目成功启动，开始有条不紊地运行，不断取得进展。

1950年6月，国际无线电科学联盟在布鲁塞尔举行了一个会议，会上有些地球物理学者提议，将50年一届的国际极年观测活动改为25年举行一次，并将1957年7月1日至1958年12月31日的第三次国际极年改名为国际地球物理年。这次活动共有 67 个国家的几千名学者参加，共同对太阳黑子、宇宙射线、地球磁场、气象等领域进行了全球性的联合观测和研究。美国作为这次活动参与者，于 1955 年 7 月宣布，将在 1957 的年会召开之际，发射一颗人造地球卫星，以纪念国际地球物理年并探测太空的奥秘。

科罗廖夫从报纸中得知了美国人的卫星计划，仔细地考虑了苏联当时的技术水平，认为有能力抢先把一个 100kg 的载荷送入地球轨道。在美国发布声明 6 天之后，他和同事们拟制了一个在近期内发射卫星的报告，并呈送给苏共中央。他们也认为，“即使这颗卫星不具有科研意义，但仅世界第一颗人造地球卫星发射成功的事实也将为苏联带来巨大的政治利益，是国家科技水平的体现。”

苏联领导人赫鲁晓夫接到报告后，喜出望外，也认为如果能先于不可一世的美国将卫星送入太空，苏联的国际威望将会空前提高，在政治上的影响将远远超过在科学上的影响。并且，1957 年 11 月又是俄国“十月革命”40 周年的大庆，抢先发射卫星的意义就更不一般了。于是，赫鲁晓夫召集苏共中央政治局专门讨论了发射卫星的报告，并同意报告的设想，一定要抢在美国之前将卫星送上天。1955 年 8 月 8 日，也就是这份报告提交三日之后，苏共中央主席团就出台了一份绝密级文件——“人造地球卫星计划”。苏联人势必要抢在美国人之前完成这个发射计划。

为了加快研制进程，有关部门把一个研究所和一家工厂提供给了科罗廖夫，以便保证他研制和生产卫星以及送卫星上天的运载火箭。最初，科罗廖夫对于卫星的设想是质量 1 ～ 1.4t，可以携带 200 ～ 300kg 重的科学仪器，能够围绕地球轨道飞行。但到了 1957 年初，苏联卫星的研制计划进展并不顺利，科罗廖夫不得不改变想法，决定简化卫星设计方案。吉宏拉沃夫提出了一个“简配版卫星”的设想，降低了卫星的质量和技术标准，卫星直径为 58cm，质量仅为 82kg，预计飞行高度为 225 ～ 1000km。为了让更多人能观测到卫星、扩大卫星的政治影响力，在苏联全境建立了 66 个光学观测站和 26 个无线电爱好者俱乐部，以便卫星发射后可以在地面进行观测并接收到卫星发射的无线电信号，接收的数据经由国防部下属的研究所整理后，再向卫星飞越过的其他国家传递，包括欧洲、亚洲、美洲和大洋洲。

1957 年 9 月，一个直径 58cm，由铝合金材料制造的呈圆球形的卫星已出现在科罗廖夫面前，这就是后来无人不晓、被命名为“伴侣 -1 号”的卫星。它重 8.6kg，周围均布 4 根弹簧鞭状天线，其中一对天线长 240cm，另一对天线长 290cm，今天看来，这颗卫星没有任何有用的功能。卫星内部没有什么特别的仪器，只装有两台功率为 1000mW 的无线电发射机、化学电池、测量星内温度与压力的感应元件、磁强计和辐射计数器等。作为一颗卫星，“伴侣 -1 号”不过是一只与无线电发报机相连的巨型温度计。卫星内部，为卫星提供电力的化学电池占了卫星内部的大部分空间，这些电池被大量的气态氮所包围，为那两个频段的无线电发报机提供电源。

紧接着，发射卫星用的运载火箭也完成了最后的试验。这次卫星发射的另一个重要任务，就是对洲际导弹进行测试，苏联人要向世人证明，苏联的洲际导弹也取得了突破性进展，既能够打击地球上任何的地域和目标，也能够将卫星送入太空轨道。科罗廖夫将导弹的飞行高度提高到8000km。这次任务中，导弹的精度和气动布局都将面临着极大的考验。这枚火箭是在洲际导弹的基础上稍加改进而成的，取名为“卫星号”。它由两级火箭并联而成，4台液体火箭发动机组成第一级，并联捆绑在第二级的四周，第二级采用1台液体火箭发动机，整个运载火箭起飞重为267t，高达29.2m，最大宽度为10.3m。为了控制火箭的航向，在其尾部另外安装了2台可摆动的小型游标发动机。至此，苏联发射卫星的准备工作在不声不响中已全部完成。卫星最初的发射日期定在了10月6日，但科罗廖夫怀疑美国可能会比苏联早一天发射卫星，他甚至取消了最后的部分测试，把发射时间提前到了1957年10月4日。

历史性时刻终于来到了！1957年10月4日，在离莫斯科2000km的哈萨克斯坦境内的拜科努尔宇宙飞行器发射场，“卫星号”火箭悄然矗立在钢铁发射架上，火箭头部的整流罩内，一个非凡的金属球整装待发。为了发射这颗卫星，基地的一个发射台上用水泥建造了一个巨大的导流槽。导流槽的洞穴很像是海底大隧道的入口处，用以引导火箭喷出的熊熊烈焰。在它的上面就耸立着威力无比的火箭，几支巨大的钢铁架子紧紧地钳住火箭，直到火箭起飞时它们才会松开。

发射前的各项准备和检验工作完毕，一切正常，发射指挥中心发出最后 10s 的倒计时发射指令："10，9，8，7，6，5，4，3，2，1，0，发射！"火箭在一片浓烟和烈焰的衬托下，随着隆隆巨响徐徐升起，尾部喷着长长的火焰越飞越快，直上云天，然后从人们的视野中消失在茫茫的天际中。

大约过了 2h，苏联塔斯社发表了震惊世界的新闻："从苏联领土上成功地发射了世界上第一颗人造地球卫星，……运载火箭使卫星的运行速度达到了大约每秒 25000 英尺（7.62km）。卫星正以椭圆轨道绕地球运行。……根据目前借助直接观察而进一步校正的计算，卫星将在离地面高达 500 英里（804.67km）上空飞行，轨道平面同赤道的倾角是 65°。"卫星为球形，直径约 22.8 英寸（0.579m），重 184 磅（83.46kg），卫星上安装有两架无线电发射机，以便持续不断地发射出无线电信号。"在当时，恐怕没有多少人知道世界上会有卫星这种东西，然而，苏联专家们的确把它发射上天了。赫鲁晓夫在接受采访时说："当卫星发射成功以后，他们打电话告诉我一切顺利，火箭已经将卫星送入了预定轨道并开始围绕地球运转，我向全体工程师与技术人员表示了祝贺，然后我就上床休息了。"可事实上，赫鲁晓夫在媒体面前的话应该并不是他真实的反映。据赫鲁晓夫儿子回忆，当得到发射成功的消息，赫鲁晓夫正在基辅与乌克兰的党政领导商谈经济事宜，大约晚上 11 时赫鲁晓夫接到了电话，他对周围的乌克兰党政领导说："告诉你们一个令人高兴和重要的消息，科罗廖夫，我

苏联第一颗人造卫星

们的导弹设计师，记住不要向外人说起他的名字，刚才打电话报告，我们成功发射了一颗地球卫星。”整个晚上，赫鲁晓夫为卫星的成功激动不已。在人造卫星的光环下，科罗廖夫与其他参与卫星的总设计师成为苏联的国家英雄，荣获列宁奖金。1958 年，科罗廖夫当选为苏联科学院院士。

1957 年 10 月 4 日，正在收听广播的美国听众们突然从收音机里听到一种神秘的电子哔哔声。当时，关于飞碟的传说正在美国兴起，人们自然联想到神秘的外星人，无形中产生了恐惧，彼此相互小心地询问着，甚至有些人打电话给电台编导，想证实自己的猜测。但这些美国人中却根本没有人想到这是一个非凡的金属球正在太空中飞行，而且它标志着人类充满幻想、希望、恐惧的太空战时代的到来。

整个西方世界因此对苏联心生敬畏，美国于 1957 年 12 月，匆忙发射了“先锋号”科学卫星，试图摆脱苏联的卫星危机，但卫星在发射升空 2s 后就爆炸解体了，这种尴尬境地也促使美国开始加速发展太空项目。

# 军事航天的基石——运载火箭

“地球是人类的摇篮，但人类不可能永远生活在摇篮里。”这句名言出自现代宇航学创始人康斯坦丁·齐奥尔科夫斯基（1857—1935年）。1883年，年仅26岁的俄国科学家康斯坦丁·齐奥尔科夫斯基完成了自己的第一篇论文——《自由空间》，首次提出宇宙飞船的运动必须利用喷气原理，也就是利用反作用推进装置太空飞行器。这篇论文就好像黑暗里点燃的一把火炬，为人类冲出“摇篮”，进入太空指明了方向。运载火箭是航天运输工具，通常由多级火箭组成，是能够将各类军事卫星、载人飞船、空间站送入太空预定轨道的有效手段。运载火箭是各类军用航天器进入太空的基石。在太空的军事博弈中，谁能把更大的东西送上天，送到预定的太空轨道，谁就具备更强大的进入太空能力。

运载火箭是在导弹的基础上发展起来的，一般由2～4级组成。每一级都包括独立的箭体结构、推进系统和飞行控制系统。如果按照火箭推进剂来分，可以分为固体火箭、液体火箭和固液混合3类。随着液体火箭、多级火箭的出现，运载火箭得到了长足的发展。1942年，德国火箭专家冯·布劳恩实现了里程碑的突破，成功研制了升高达85km的大型液体火箭，德国人在此基础上，又制造出了著名的V-2导弹。第二次世界大战后，德国的导弹技术和火箭技术被美苏继承，他们在V-2导弹的基础上发展各自的远程战略导弹和运载火箭，开始了航天领域的激烈竞争。1957年，苏联人在P-7洲际战略导弹的基础上，改装成功了世界第一枚运载火箭，成功将一颗卫星送入了太空。

# 德国：佩内明德导弹研究中心

追溯运载火箭的历史，我们发现，这种强大运载工具最初起源于导弹，而且，不得不提起波罗的海边的一个小镇，这个小镇就是德国的佩内明德。佩内明德位于佩内河汇入波罗的海的河口，是德国乌瑟多姆岛上的一座小镇。镇上森林茂密、人烟稀少，居民以打鱼为生。随着纳粹德国发展火箭技术，这里逐步成为德国的火箭导弹试验基地。曾因研制了被希特勒称为“神奇武器”的V-1和V-2导弹而轰动一时。

20世纪30年代，德国科技发展迅猛，1930年成功研制出了以石油原料和液态氧为基础的液体火箭发动机，火箭研究逐步升温。民间不断有人给纳粹高层建议，可考虑将火箭用于军事用途。1933年1月，希特勒以纳粹党领袖的身份出任了联合内阁总理。9月，希特勒、戈林和内政部长弗里克已经在库默斯多夫看过了火箭的技术展示。1935年，纳粹德国公开撕毁《凡尔赛合约》，施行征兵，公开了以航空部为掩护的空军。为了摆脱帝国空军落后的现状，开始不断地搜寻最新技术，当时刚兴起的火箭技术也自然进入了他们的视线，而德国陆军其实也在考虑是否应该发展火箭技术，以取代当时的远程大炮。也就是说，纳粹德国的陆军和新成立的空军都在谋求垄断火箭技术，以用于自己军种的发展。

德国陆军的火箭研制团队在冯·布劳恩的带领下，在液体火箭实用化道路上快速前进。布劳恩最初设计建造了“1W”系列（W代表水冷）酒精/液氧火箭，推力达到了大约130kg。1933年6月，第一枚火箭的设计已经基本完成，代号Aggregat-1（“聚集1号”），也称A-1火箭，采用了铝合金材料制造的发动机，并且实现了点火及燃料箱加压的全自动化，但A-1火箭始终没有飞起来，布劳恩曾不无夸张地说：“我们花了半年时间来建造它，然后又用了半年去把它炸飞。”虽然A-1火箭没有上天，却起到了积累技术和经验的作用。1934年，A-2火箭完成试验前的准备，2枚A-2火箭被运到北海博尔库姆岛等待发射，分别被命名为“马克思”和“莫里茨”，这两个名字源自德国当时一个连载漫画《捣蛋鬼》中两个兄弟的名字。在试验中，“马克思”表现完美，发动机工作了16s，火箭被送到了1700m高空。第二天，“莫里茨”表现同样完美。伴随着两枚A-2火箭的发射，德国陆军的液体火箭项目完成了第一阶段的研发。

第一阶段的成功也直接促成了一个跨军种的火箭联盟的诞生——佩内明德火箭研发中心。1935年，冯·布劳恩在备忘录中提及，火箭团队已经筹划很久，准备新建一个测试设施。经过广泛的考察选址，冯·布劳恩找到了这个村庄，这里的条件可以称得上得天独厚，可以提供德国海岸线以外400km的测试范围，作为发展和测试火箭的完美秘密地点，冯·布劳恩确定了基地位置，计划开始迅猛推进。基地长12km、宽5km，云集了德国最优秀的物理、化学、航空等领域的科学家，大约12000人在这里从事有史以来第一个导弹和火箭的研究工作，很快就发展为当时世界上最先进的导弹实验室。

1937年，佩内明德火箭研发中心启用，中心的工作由陆军军械局火箭团队的多恩伯格领导，火箭团队历经多次改名，于1938年重组为研发测试部，代号为军械局测试部11处，多恩伯格升任处长。中心设立了司令部办公室，统一管理空军的“西部工作区”和陆军的“东部工作区”，体现了中心的跨军种特性。而冯·布劳恩则是多恩伯格的技术搭档，当时年仅25岁的冯·布劳恩成为“东部工作区”负责人，手下已经有了123名科研人员和226名工人。中心甚至还有一个机场，用于起降试验用的飞机，包括机库和一些管理性建筑。中心的西南部，佩内明德的村庄中有一个液氧工厂和一个新建的港口。基地还配有居住区，有漂亮尖顶的排屋和公寓，供中心的工作人员使用，居住区与研发中心有铁路连接。基地北部，建设了火箭测试支架，用于测试大型火箭的发动机。

佩内明德的项目在第二次世界大战爆发前，已经获得充裕的资金和人员支持。仅仅一年时间，德国人就进行了25次运载火箭的发射，试验了3种制导系统，各项工作取得了显著进步，为后续A-4火箭的设计提供了重要依据。

冯·布劳恩曾听说，希特勒对现代科技很感兴趣。1939年3月，冯·布劳恩第一次见到了希特勒，在冯·布劳恩的游说之下，火箭项目终于得到了希特勒的支持。1939年9月，英、法对德国宣战，火箭项目由于战争之前就投入了巨大的资源，战争开始后，也被一些人寄予厚望，此时迫切需要通过实战为自己正名。为了获得高层支持，军械局和多恩伯格多次宣称 A-4 导弹将很快可用，其数量足以成为决定军事胜负的手段。此时的佩内明德不仅仅是一个火箭研发中心，也是一个制造导弹的军工厂。1939 年的工厂建造预算是 1.8 亿马克，大致是 1938 年年末研发花费的 5 倍。作为投资的回报，工厂将年产 500 枚 A-10 导弹或者 1500 枚 A-4 导弹，平均每月要完成制造 125 枚的任务。虽然看着已经不少，但与后来战时的产量相比，这个数字并不起眼。

“中间工厂”的战俘在进行 A-4 导弹的组装工作

博物馆中的 V-2 导弹

1942年10月，A-4导弹发射成功。多恩伯格向德国陆军汇报了发射情况，并请求量产。1943年，希特勒批准了A-4导弹的生产许可，同时命令：必须在英吉利海峡沿岸建设大量防空袭的导弹发射掩体，以袭击伦敦。不过导弹生产需要大量的人力，导弹工厂缺乏劳工，这一直困扰着佩内明德的生产计划人员。而此时，德国工业界使用战俘已经非常普遍，很多工厂都在大量雇佣波兰人、苏联战俘或其他东欧人。到了1943年，佩内明德的外籍劳工数量已经超过3000人。这也解决了工厂生产效率的问题，在战争结束前15个月内，工厂在及其困难的条件下，生产出来约6000枚A-4导弹。

1943年春，盟国空军开始对德国本土进行大规模轰炸，而德国飞机却无法穿越英国的空防地带。也许是为了鼓舞士气，希特勒宣称德国已拥有可致盟军于死地的“秘密武器”，并下令尽快完成秘密武器的试验，企图以此满足德国人要求报复的愿望。1943年7月，英国情报部门得到确凿情报，佩内明德是德国大规模制造V-1和V-2导弹的基地。如果不把佩内明德摧毁，英国的各个交通枢纽、首都伦敦和许多重要军事设施将会受到严重破坏，盟军总反攻的战略行动也很可能向后推迟。这一情报和空中侦察照片不久转给英国内阁特别委员会。这个委员会建议皇家空军把佩内明德作为重要的轰炸目标，空军元帅、轰炸总指挥官阿瑟·哈里斯爵士决定在8月中旬利用月夜轰炸佩内明德。德国人对佩内明德的安全非常自信。英国皇家空军夜航轰炸机在飞往什切青、柏林的途中经常飞过佩内明德的上空，但却不对其进行轰炸，于是德国人错误地认为英国人根本不知道佩内明德的重要性。其实英国空军已拍摄了大量照片，为轰炸做了必要的准备。侦察过程中，他们尽量避免引起德国人的怀疑，不让他们知道英国空军已对佩内明德发生兴趣。经过侦察，英国人确定的第一个轰炸目标是科学家和技术人员的居住区；第二个目标是飞机库和试验导弹的车间；第三个目标是行政区，包括藏有各种图纸和其他技术资料的建筑物。

1943年8月18日，凌晨1 ：10，英国人的轰炸机飞到了佩内明德的上空，大约600架皇家空军的轰炸机投下了1500t炸弹，2 ：07空袭结束。伤亡人数大约为734人，其中五六百人是外国劳工。不过由于夜间空袭精度受限，佩内明德得以保全，并没有伤到元气。这次空袭让佩内明德不可避免地陷入了忙乱。A-4火箭的生产也从佩内明德剥离了出来并转入了地下。随着纳粹党卫军的希姆莱向希特勒进言，A-4火箭的生产由党卫军接管，将位于德国图林根的诺德豪森小城附近的隧道，作为A-4火箭的主生产工厂，并被命名为——“中部车间”。此时的佩内明德随着生产工厂的撤离，中心的规模不断缩减，机器和人员开始向图林根撤离。

随着纳粹德国的战时失利，纳粹试图以火箭技术为基础，进行导弹的研制。很快，他们在A-4火箭的基础上，研制出V-2弹道导弹。这种导弹目标小，飞行时间短，盟军的防空炮火根本没法拦截。虽然自身发展还不成熟，但德国人还是很快将其投入了战场。

战争期间，德军发射了近4000枚的V-2导弹，对英法等国造成了大量的人员伤亡与财产损失，更是对人员心理一度造成极大恐慌。这种武器的巨大军事潜力和战略价值引起了美苏等国的注意。战后，随着德国的战败，德国的火箭技术专家成为美苏重点关注的对象。

美国陆军军械局人员在图林根找到了很多佩内明德的人，大部分的火箭团队得以保留。只有去巴伐利亚的500人没有找到，一部分被法国军队找到，大部分等待机会向美国人投降，这是撤离行动中他们唯一掌控命运的机会。最后一批与入侵者会面的人是多恩伯格和布劳恩。5月2日，希特勒自杀后的第二天，冯·布劳恩会说英语的弟弟被派下山，骑着自行车寻找美国军队。他遇到了一个巡逻队，然后很快谈妥了条件。经历了15年的风云变幻、斗转星移，纳粹德国的液体火箭项目落下帷幕。

## 美国：从“红石”导弹发展起来的火箭家族

第二次世界大战后期，美国人实施了“回形针计划”，系统寻找德国的科学家和工程师，其中就包括冯·布劳恩。1945 年 4 月，随着盟军节节胜利，德军为了不让科学家落入盟军手中，准备在最后时刻将他们处决。1945 年 5 月 2 日，冯·布劳恩的弟弟与美军第 44 步兵师接上了头。美军依靠冯·布劳恩提供的情报，缴获了 100 多枚 V-2 导弹，不计其数的零配件和 1t 多重的技术资料，装了几百节列车运回美国。

向美国投降时的冯·布劳恩

留给苏军的只有2枚V-2导弹、一些设备和一大堆毫无价值的图纸草稿。1945年6月20日，美国国务卿科德尔·赫尔签署文件批准，将冯·布劳恩和他的专家组转移至美国境内，包括冯·布劳恩博士在内的各领域科学家被转移到美国的纽卡斯尔基地。冯·布劳恩被带到美国后，继续和他的同事们在美国进行火箭和导弹研制。1950年，冯·布劳恩博士及其团队被转移到美国著名的“红石”火箭试验场，“红石”导弹就是因此而得名。可以说，冯·布劳恩的加入，为美国导弹和运载火箭的发展带来了巨大的人才和技术优势。

1956年，美国第一个弹道导弹研发中心成立了，研发中心位于红石兵工厂的旧址，红石兵工厂在第二次世界大战期间为美军生产了大量的弹药，因此人们也习惯称这里为红石研究中心。冯·布劳恩作为美国引进的火箭专家，开始主导美军第一款弹道导弹的研发。这款在德国V-2导弹基础上发展起来的“红石”地地导弹，1950年开始研制，1953年5月首次试验，1956年初开始批量生产，1957年9月正式装备美军炮兵部队，1960年停止生产。“红石”导弹长21.1m，直径1.8m，起飞质量27.8t，设计射程320km。

有了研制V-2导弹的经验和教训，“红石”导弹用了大量的新技术，冯·布劳恩认为今后火箭必将是要进入太空的，需要更高的精度，因此高精度的惯导系统是火箭必须突破的关键技术。“红石”导弹，最终突破技术难关，成功应用了高精度惯导系统。

1955年，美国海军提议开发的“先锋号”运载

放在美国纽约中央车站大厅中供人参观的「红石」导弹

火箭被美国国防部采用，“先锋号”运载火箭是美国政府批准研制的第一种未以导弹型号为基础发展的专用运载火箭。美国想抢先在1957年9月用“先锋号”运载火箭发射一颗非常小的卫星，结果因火箭在发射台上爆炸而失败了。正如它的名字一样，从1957年到1959年，“先锋号”运载火箭先后进行了14次发射试验，只有3次发射成功地将卫星送入轨道，远未达到预期的目标，但也为美国发展运载火箭积累了经验。

1956年，冯·布劳恩给美国政府的报告中提到，由美国陆军研制的“红石”导弹可以被改装为一枚运载火箭，可以向近地轨道发射人造地球卫星。可此时的美国政府，好像对卫星和运载火箭并不太感兴趣，艾森豪威尔政府并没有大幅地支持该运载火箭项目。

转变发生在1957年，当年苏联连续进行了2次洲际弹道导弹的试射，1957年10月4日，苏联人用R-7运载火箭，将人类第一颗人造地球卫星送入了太空，这一举动引起了美国人的恐慌，美国人迅速调整了战略，冯·布劳恩的“红石”导弹重新进入了政府高层的视野。

在苏联卫星计划发射成功后不久，美国把一枚“红石”导弹移到纽约中央车站大厅展示，以安定人心，也是在宣示美国科技并不弱于苏联。虽然纽约中央车站的天花板非常高，但还是容纳不下“红石”导弹，当工作人员询问能否削掉一部分让火箭放进大厅时，冯·布劳恩坚决地拒绝了，大厅的天花板不得不钻了个洞。如今，虽然导弹已经不在这里，但当时钻开的洞依然留在那里，讲述着“红石”导弹的传奇。1958 年 2 月 1 日，以“红石”导弹为基础改进而成的“朱诺”运载火箭将美国人的第一颗人造地球卫星送上了太空。

“丘比特 -C”运载火箭，后来被称为“朱诺 -1”，是“红石”火箭家族的成员。共分为 4 级，前 3 级都是固体发动机，第 4 级是液体发动机，共使用了 15 台“中士”导弹固体推进剂发动机。“朱诺 -2”是“朱诺 -1”的改进型，将 1 型的一子级改用 SM-78“丘比特”中程导弹所用的 S-3D 发动机，其他级则无变化，为增大推进剂容量，火箭的贮箱加长了 0.9m，这一改动将发动机的工作时间延长到了 170s，“朱诺 -2d”运载能力也比之前得到提高，能将 43kg 的载荷运送到 482.7km 高的圆轨道上。

不过美国早期的火箭试验也是在失败中不断积累经验的，在经历了“先锋号”运载火箭的失败后，美军开始尝试利用已有的成熟导弹技术，发展物美价廉并可靠耐用的运载火箭。“侦察兵”系列运载火箭就是这一策略的产物，“侦察兵”系列是美国第一个四级全固体发动机的运载火箭，1957 年美国国家航空航天局（NASA）与美国空军协商共同研发，由火箭发动机、结构过渡段、有效载荷及热防护罩等部件组成，起飞质量 17.9 ～ 22t，运载能力从 59kg 到 208kg。1960 年首飞，1994 年才退役。

在经历了早期的失败后，美国的运载火箭可以说，开始了百花齐放，依靠 NASA 及美国空军、海军陆军，先后研制了“先锋号”“探险者号”“丘比特号”“侦察兵号”“雷神号”等30个系列运载火箭，仅“侦察兵”系列就有13种型号。特别是到了美苏冷战时期，美苏两个超级大国开展了太空竞赛，直接推动了航天技术的飞速发展，导弹由近程导弹发展到洲际导弹，洲际导弹改装为运载火箭，把卫星、空间探测器、宇宙飞船、空间站、航天飞机送上太空。美国洛克希德·马丁公司在“大力神2”洲际导弹的基础上，研制了“大力神号”运载火箭，1964年首发，至2005年，共进行了368次发射，共发展了9种型号，不仅将100多颗轨道卫星、空间探测器、载人飞船送入太空，也曾秘密发射了美军的军事侦察卫星，甚至将“太阳神号”“旅行者号”星际探测器送到火星、木星等。

与“大力神号”同时期出现的，还有“宇宙神号”运载火箭，该系列火箭由美国通用动力公司康维尔分公司负责研制。它采用了液体燃料，火箭推进剂为精炼煤油和液氧，其地球同步轨道的运载能力达到了13t。1958年，“宇宙神号”首次发射，至今已连续生产50多年，到2011年底已发射近600次，在佛罗里达州的卡纳维拉尔角空军基地已经进行了超过300次发射，在范登堡空军基地进行了285次发射，曾发射过世界上第一颗通信卫星、美国第一艘载人飞船等。

除此之外，美国在役的运载火箭还有“德尔塔号”运载火箭。它是在“雷神号”中程导弹基础上发展而来的，早期由麦道公司承制，后来由美国波音公司作为主承包商。“德尔塔”的意思是三角洲，因此也被称为“三角洲”运载火箭。它是世界上型号最多、改型最快的运载火箭之一，已发展了50多种型号。美国空军的全球定位系统（GPS）的50颗卫星都是由“德尔塔”运载火箭送入太空的。目前正在使用的是“德尔塔-4型”。“德尔塔-4型”使用的RS-68火箭发动机，是现役推力最大的氢氧火箭发动机。它的海平面推力达到2886kN（663000磅力），真空推力达到3308kN（751000磅力），两个数据都是发动机在102%工作状态下测得的。该发动机的制造

“土星5号”运载火箭与航天飞机的合影

公司——洛克达因公司，花了近 10 年时间，推出了这款目前推力最大的氢氧火箭发动机，采用燃气发射器循环系统，内置两台独立的涡轮泵。在这款发动机的帮助下，“德尔塔 -4 型”重型火箭是美国现役并已执行任务的最大型运载火箭，这种火箭可以将最多 28.79t 的有效载荷送入低地轨道。将 11t 有效载荷送入通信卫星所在的地球同步轨道。甚至能将 11t 有效载荷送上月球，将 8.8t 有效载荷送入火星轨道。

在美国运载火箭家族中，不得不提的还有“土星

工程师正在装配 F-1 火箭发动机

号”运载火箭，迄今为止，“土星5号”运载火箭是世界上最高、最重、推力最大、运输载荷最大的运载火箭，是人类唯一超越低地球轨道的运载火箭，曾于1969年7月16日，运送了美国“阿波罗11号”飞船飞往月球。

1961年，时任美国总统的肯尼迪宣布10年之内将把美国人送上月球。这就是历史上著名的“阿波罗”计划，在冯·布劳恩的主持下，开始大规模实施“土星”巨型登月火箭的研制。“土星1号”为研制型，用于登月计划早期地球轨道飞行试验，“土星1B号”为改进型，用于载人或不载人飞船地球轨道飞行试验，为后续登月积累经验。“土星5号”是专为“阿波罗”登月而设计的运载火箭，也被称为登月火箭。火箭全长110.64m，最大直径10.1m，起飞质量为3000t，近地轨道运载能力大119t，能把45t重的载荷送入登月轨道。

“土星5号”作为史上最大、最强的火箭已经保持了50多年的纪录，迄今无法撼动。从1966年至1973年，共计13枚“土星5号”发射升空，不仅成功将6批、12位美国飞行员送上月球，而且将美国首个空间站——天空实验室送入轨道，这也是人类向近地轨道发射的最重、最大的航天器。

“土星5号”所用的F-1火箭发动机，被誉为史上最强大的单喷嘴液体燃料发动机。发动机高5.6m，直径3.7m，推力6770kN，相当于690t，采用高纯度煤油和液态氧，持续燃烧时间达159s，5台F-1发动机每秒燃烧大约12t推进剂。但该型发动机在20世纪 60 年代以后就不再制造了，当今天的 NASA 火箭工程师想重造 F-1 火箭发动机的经典时，发现即使有当初的原始蓝图，但设计和制造工艺的改变，让这一想法难以实现。当时的每台发动机都是手工打造，复杂的发动机部件经常与数以百计的小零件焊接在一起，而且都是手工制作，很多独特技巧和工艺都散落在工程师的脑海中。因此，面对 50 年前的蓝图，却没有当年的制造方法和技术人才，只能重新设计。

F-1 火箭发动机

## 苏联：从一鸣惊人的辉煌到戛然而止的落寞

苏联是发射第一颗人造地球卫星的国家，也是发射航天器最多的国家。齐奥尔科夫斯基奠定了火箭理论和航天学基础，后来的科罗廖夫等一批苏联科学家追随着他的脚步，从而造就了伟大而神奇的苏联航天。世界第一的推进器技术，第一颗人造卫星被送入太空，世界上第一艘宇宙飞船“东方号”载着世界第一个太空人加加林，完成了围绕地球的飞行，并顺利返回地球。所有这些纪录都依靠着苏联强大的火箭技术。

1946 年，科罗廖夫被任命为苏联弹道导弹总设计师，成功研制出苏联第一枚弹道导弹。1947—1953 年间，他和团队在 V-2 导弹基础上，成功仿制并自行设计了各型近程、中程、远程导弹。从 1953 年起，他开始主持研制 R-7 洲际弹道导弹，这期间，他敏锐地认识到 R-7 导弹可以改装成运载火箭，并向苏联领导人建议开展相关试验，但遭到拒绝。此时正值斯大林去世、赫鲁晓夫上台之际，紧张的政治局势并没有给他这样的机会。两年后，美国宣布“将在 1957 年国际地球物理年发射人造卫星”，短短 4 天后的 1955 年 8 月 2 日，在好大喜功的赫鲁晓夫亲自指示下，苏联宣布也要发射自己的卫星。可以说在美国刺激下，这位航天巨擘终于迎来了大显身手的机会。

1956 年，科罗廖夫的团队成功将 R-7 导弹改装成能够发射卫星的运载火箭。1957 年 10 月 4 日，苏联的 R-7 改进型运载火箭将人类第一颗人造卫星

"Sputnik-1"成功送入近地轨道，人类的太空时代开启了。R-7 运载火箭由 1 枚芯级火箭和 4 枚助推火箭组成，全长 29.17m，最大直径 10.3m，起飞质量 267t，有效载荷 1.3t。为了更好地控制航向，除了 5 台火箭发动机，火箭上还安装了另外 12 台可旋转方向的小型发动机。

苏联为了研发运载火箭和核武器，曾先后建立了 50 个设计局，投入了大量的人力、财力和物力，也取得了举世瞩目的成就，先后发展了"卫星号""东方号""闪电号""联盟号""宇宙号"等系列运载火箭。"东方号"系列火箭是世界上第一个航天运载火箭系列，包括"卫星号""月球号""东方号""上升号""闪电号""联盟号""进步号"等型号，后 4 种火箭又构成"联盟号"子系列火箭。

"东方号"运载火箭是世界上第一种载人航天运载工具，是对"月球号"火箭略加改进而构成的，主要是增加了一子级的推进剂质量和提高了二子级发动机的性能。这种火箭的中心是一个两级火箭，周围有 4 个长 19.8m、直径 2.68m 的助推火箭。中心的两级火箭，一子级长 28.75m，二子级长 2.98m，呈圆筒形状。发射时，中心火箭发动机和 4 个助推火箭发动机同时点火。它创造了多个世界第一：发射了第一颗人造卫星，第一颗月球探测器，第一颗金星探测器，第一颗火星探测器，第一艘载人飞船，第一艘无人载货飞船"进步号"等。它也是世界上发射次数最多的运载火箭系列。1961 年 4 月 12 日，把世界上第一位宇航员加加林送上地球轨道飞行，并安全返回地面。

俄罗斯“联盟号”运转火箭

“联盟号”和“联盟2号”火箭，是1957年10月4日把世界上首颗卫星“Sputnik-1”送入轨道的首枚轨道运载火箭R-7的后代。“联盟号”火箭是“联盟号”子系列中的两级型火箭，通过挖掘“东方号”火箭一子级的潜力和采用新的更大推力的二子级研制而成，因发射“联盟”系列载人飞船而得名。全长49.52m，起飞质量310t，近地轨道的运载能力约为7.2t。“联盟号”系列中，“天顶号”是苏联的一种中型运载火箭，主要是用来发射轨道高度在1500km以下的军用和民用卫星、经过改进的“联盟TM号”载人飞船和“进步号”改进型货运飞船。“天顶号”2型是两级运载火箭，其一子级还被用作“能源号”火箭助推级的助推器。“天顶号”3型是三级运载火箭，它在2型的基础上，增加了一个远地点级，用于将有效载荷送入地球同步轨道、其他高轨道或星际飞行轨道。2型与3型用的一子级和二子级是相同的。算上“联盟号”的所有型号，该系列火箭已进行了1735次以上的发射，使其成为世界上迄今使用最频繁的火箭。今天，“联盟号”火箭的主要任务包括为国际空间站运送人员和货物。很长一段时间，“联盟号”是能执行向国际空间站运输任务的唯一运载器。

在苏联的运载火箭发展史上，“N-1 火箭工程”是绕不开的一段历史。20 世纪 60 年代，美苏太空争霸进入白热化，美国在 1969 年 7 月 16 日，由“土星 5 号”搭载“阿波罗 11 号”飞船，成功登陆月球。这一事件对苏联的刺激是相当大的，为了追赶美国在探月计划方面的脚步，苏联开始加速研制代号为 N-1 的重型运载火箭，而 N-1 火箭的总设计师，就是著名的科罗廖夫。

其实早在 R-7 运载火箭将第一颗卫星送入太空不久，苏联科学家就开始了火箭改进工作，使之能执行更远的发射任务。1959 年，为了向火星发射无人重型探测器，科罗廖夫开始着手重型运载火箭研发。然而，美国的“阿波罗”登月计划打乱了苏联人的部署，也埋下了工程失败的隐患。1962 年 1 月，科罗廖夫设计局针对苏联的“登月计划”对 N-1 运载火箭进行了多次改进，并计划在 1967—1968 年间赶在美国之前，由科罗廖夫负责的 N1-L3 运载火箭将第一个苏联人送上月球。

N-1 运载火箭可以说是苏联整个“登月计划”的核心，该火箭外形类似一个圆锥体，最大发射质量约为 2800t，最大推力约为 4500t、低地球轨道的运载能力为 90t；N-1 运载火箭整体由运载部分和上面级部分构成，而运载部分包括三级运载火箭，上面级则包括月球轨道器、登月飞船等。

其中，N-1 运载火箭运载部分的第一级火箭全高约 30m，底部直径 17m、顶部直径约为 10m，并用于二级火箭的连接。由 30 台液氧 / 煤油 NK-15 发动机并联而来的，其中中间6台发动机则用来控制火箭的转向，外环的24台发动机用于控制火箭的俯仰和偏航。第二级火箭全长为20.5m，由8台NK-15V液氧/煤油发动机构成，NK-15V/NK-43发动机在核心上与NK-15/NK-33相同，只是N1火箭的第二级是在真空环境中工作的，为此扩大了喷口，增加了1754kN的推力。第三级是火箭运载部分中最小的一级，全长约为11m，由4台NK-21液氧/煤油火箭发动机构成，该级火箭用于将N-1运载火箭的上面级里的月球轨道探测器、月球飞船送入地球轨道，全程在真空中工作，而NK-21发动机的单台推力只有402kN。

1967年11月，第一枚N-1运载火箭下线，并运送到发射平台进行了联调测试，成功后又拉回厂房；次年5月，火箭又被拉到发射台，准备进行第一次发射，但在发射前的检查中，发现外壳出现了裂痕，不得不推迟发射；之后，又发生了几次类似的事故，导致首次发射一拖再拖。

1969年1月，第一枚N-1火箭被矗立在了发射台，但此时的N-1火箭其实仍没有完全准备好，由于赶进度，全部30台NK-33发动机缺少了点火测试环节，这也为发射失败埋下了隐患。又经过了4周的风吹日晒，N-1火箭终于迎来了发射的日子，却突遇大雨，发射又被迫暂停。

此时的苏联高层却等不及了，要求一天之内必须发射成功。1969年2月21日，N-1火箭第一次发射，点火6s后其中的2台发动机熄火，不过由于有动力冗余，并不影响大局。25s时，传感器报警，燃烧室压力不足，66s 时，剩余 28 台 NK-33 发动机功率过载，管路系统出现高频振动，69s 时，火箭在 12200m 高空发生了大爆炸，N-1 火箭第一次发射宣告失败。

1969 年 7 月 3 日，为了赶在美国的“阿波罗 11 号”之前完成发射，第二枚 N-1 火箭准备发射，点火后的第 6s，一枚螺丝钉被引入了油料泵中，触发了控制系统紧急关闭 29 台发动机的指令，火箭从 200m 高度坠向地面，引起了大爆炸，N-1 火箭第二次发射宣告失败。

之后，美国“阿波罗 11 号”成功发射并在 1969 年 7 月 21 日登上月球，美国人赢得了美苏两国的载人登月竞赛，苏联也开始能稍微静下心认真分析 N-1 火箭的问题了，这一分析就是 2 年的时间。1971 年 6 月 27 日第三枚 N-1 火箭发射，这一次经过重新设计后的动力系统没有再出现问题，但控制系统的故障却导致第三级火箭启动了自毁程序，整个火箭发生爆炸，N-1 火箭第三次发射再次宣告失败。

又经过 1 年的时间，苏联科学家对 N-1 火箭进行了多项改进，1972 年 11 月 23 日，第四枚 N-1 火箭携带“联盟 7K-L3 号”登月飞船点火发射，在第一级火箭工作的前 90s 时间内一切正常，在对内环 6 台 NK-33 发动机进行程序性关闭时，管路系统产生了超乎预期压力并开始破裂，第一级火箭底部着火，经过大火持续的炙烤 N-1 火箭再次发生爆炸。

此时 N-1 火箭已经飞到 40km 处的高空，再过 10s 左右的时间一二级火箭就该进行分离了，这也是 N-1 火箭最接近成功的一次发射，但最终还是失败了，

装配状态的 N-1 火箭

并成为 N-1 火箭的最后一次发射。

随着 N-1 工程的停工，政府下令毁掉一切资料，一个政府官员接管了这些发动机，封存进了仓库。将近 30 年后，美国人通过各种渠道找到了仓库，并将其中一台发动机运回美国，在精确测定发动机性能后，其技术参数才被公之于众。其发动机技术也被美国人用作美国航天技术储备。N-1 运载火箭的发展可以称得上命运多舛，自始至终缺乏资金支持，加上种种技术失误，最终导致了失败的结局。

多年以后，苏联人又将 N-1 火箭经过技术改进最终变成了如今的"能源号"火箭。"能源号"运载火箭的主要任务有：发射多次使用的轨道飞行器；向近地空间发射大型飞行器、大型空间站的基本舱或其他舱段、大型太阳能装置；向近地轨道或地球同步轨道发射重型军用、民用卫星；向月球、火星或深层空间发射大型有效载荷。"能源号"运载火箭是苏联的一种重型的通用运载火箭，也是目前世界上起飞质量与推力最大的火箭。火箭长约 60m，总重 2400t，起飞推力 3500t，能把 100t 有效载荷送上近地轨道。火箭分助推级和芯级两级，助推级由 4 台液体助推器构成，每个助推器长 32m，直径 4m；芯级长 60m，直径 8m，由 4 台液体火箭发动机组成。发射时，助推级和芯级同时点火，助推级 4 台助推火箭工作完毕后，芯级将有效载荷加速到亚轨道速度，在预定的轨道高度与有效载荷分离。尔后，有效载荷靠自身发动机动力进入轨道。"能源号"运载火箭成为苏联运载火箭发展的一个新的里程碑。

“质子号”系列运载火箭则是苏联第一种非导弹衍生的、专为航天任务设计的大型运载器。在“能源号”重型火箭投入使用以前，该型号是苏联运载能力最大的运载火箭。“质子号”系列共有 3 种型号：二级型、三级型和四级型。“质子号”是俄罗斯现役运载火箭中最大的一种。它最早是作为一种用于携带热核武器的洲际弹道导弹设计的，1965 年首次投入使用后，又承担起了新的任务，并成为苏联及俄罗斯的主力重型运载火箭。近年来，“质子号”一直在同时用于发射俄罗斯政府有效载荷和商业通信卫星。“质子号”的增强型号“质子”M 配备了更高效的发动机，能从拜科努尔航天发射场把世界上最大的通信卫星送入地球同步转移轨道。

从 20 世纪 60 年代中期以来，“质子号”火箭一直是苏联及其航天力量的继承者，“质子号”火箭目前的近地轨道运载能力达到了 22.8t，地球同步转移轨道运载能力达到 6.3t。“质子号”火箭因其巨大的运载能力，成为俄罗斯航天发射活动的中坚力量。但因为存在结构性问题导致发射成功率不突出，同时因为其使用剧毒的偏二甲肼液体燃料，发射失败可能对发射场周边地区造成严重污染，所以俄罗斯已决定研制液氧 / 煤油作为推进剂的“安加拉号”来取代它。2019 年 10 月，俄罗斯赫鲁尼切夫机器制造公司宣布将制造最后 11 枚“质子号”运载火箭，完成这批生产后，俄罗斯将开始使用新型“安加拉”运载火箭，为苏联和俄罗斯航天立下汗马功劳的“质子号”运载火箭将退出历史舞台。

## 欧洲："阿丽亚娜"系列运载火箭

V-2导弹让同盟国见识到了导弹的威力，随着纳粹德国在第二次世界大战中走向战败，美、苏、英、法等国竞相在德国网罗火箭科学家和工程师，搜寻相关设备和图纸，但由于美国的捷足先登，在"回形针行动"中，以冯·布劳恩为代表的科学团队很快加入了美国的阵营，美国甚至获得了很多装配完整的V-2导弹，甚至带动了很多欧洲科学家离开西欧到美国工作。

虽然20世纪50年代的繁荣，使得西欧国家能够投资太空领域的研究，但第二次世界大战后的欧洲一直没有大规模发展航天运输技术。唯独戴高乐领导下的法国政府，对航空航天技术给予了足够的重视。提起航天先驱，人们总会想到齐奥尔科夫斯基、戈达德和奥博特，其实法国也有自己的航天先驱。罗贝尔·埃斯诺-佩尔特里生于1881年11月8日，是法国航空和航天先驱。他自幼就对机械技术感兴趣，17岁就在家搭建了无线电实验室，23岁时自制了一架滑翔机，甚至自己研制出了一种风冷式航空发动机，后来佩尔特里开始转而关注航天飞行器理论，曾独立提出了火箭运动方程，甚至还提出了登月轨道设计。第二次世界大战后，在戴高乐的支持下，法国人开始了自己的火箭发展道路，成立了专门的火箭和导弹研发部门。而该部门聘用了23名曾经在德国V-2导弹项目中承担一定的设计和制造任务的德国工程师。

1965年7月16日，苏联"质子号"火箭将卫星

发射了“试验卫星 1 号”的法国“钻石 -A”型火箭

送入太空，自此正式开启运载火箭的时代。1969 年 7 月 20 日，美国“土星 5 号”运载火箭首次将人类送上月球。当时，作为全球争霸两个超级大国，几乎所有的运载火箭都被美苏垄断。

1958 年，在苏联的“旅行者号”发射后仅一个月，当时的西欧科学界曾开会，讨论成立一个共同的西方欧洲航天局，出席会议的代表来自 8 个国家。西欧国家决定设立两个不同的机构，一个关注发展发射系统，欧洲发射发展组织（ELDO），和欧洲航天局（ESA）的前身，欧洲太空研究组织（ESRO）。法国于1961年成立了空间研究中心，又称法国航天局（CNES），总部设在巴黎。1965年11月26日，法国用自己研制的“钻石-A”运载火箭成功地将法国第一颗人造卫星“试验卫星1号”送入530～1820km的轨道。卫星重38kg，它宣告法国第一个打破美苏垄断，成为第三个进入航天时代的国家。

欧洲太空研究组织成立于1964年3月20日。从1968年到1972年，ESRO一共发射了7颗研究卫星。经过了多年的各自发展，积累了一定的经验，也让欧洲国家认识到，独立的运载火箭对于航天发展的重要性。欧洲航天局把发展火箭技术当作组织成立后的首要目标，1973年，在法国人的主导下，11个欧洲国家决定在太空领域开启合作，开始了欧洲人独立的运载火箭计划——“阿丽亚娜”火箭项目。阿丽亚娜这个名字来源希腊神话，是神话中一个美丽智慧的公主名字，她帮助热恋中的雅典王子塞休斯逃出魔鬼把守的迷宫，一起奔向自由。现在，阿丽亚娜成为现代火箭的名字，以冲出太空迷宫而举世闻名。

1973年12月，当时欧洲航天局的11个成员国开始联合投资研制“阿丽亚娜-1”型运载火箭，这是一种在“欧洲号”火箭和法国“钻石号”火箭基础上研制的三级液体运载火箭。历时了6年时间，用了大约10亿美元。1979年12月，第一枚“阿丽亚娜-1”运载火箭终于亮相，并试飞成功，2年后正式投入商用。自此，欧洲的运载火箭技术获得了快速发展。

在此基础上，1980年3月，负责运营火箭的阿丽亚娜公司（Ariane Group）成立了，总部位于法国，是一家私营股份公司，股东包括法国、德国、英国、爱尔兰、意大利、荷兰、西班牙、瑞典和瑞士等空间技术研究机构或公司，其中法国持有最多股份。它专门负责经营并发射“阿丽亚娜”运载火箭。“阿丽亚娜”发射装置为欧洲提供了一个进入空间的独立途径，而这是欧洲全面战略中的一项主要目标。此外，还包括由欧洲提供卫星、地面站、高技术服务和其他应用。

“阿丽亚娜-1”型火箭在1979年到1986年期间，共发射11次，其中9次成功，2次失败，成功率为81.8%，共把14颗卫星送入预定轨道。“阿丽亚娜-1”型运载火箭从法属圭亚那库鲁发射场发射，能将1.85t的有效载荷送入地球同步转移轨道，或将2.5t有效载荷送入轨道高度为790km、倾角98.7°的太阳同步圆轨道。火箭长47.7m，直径3.8m，发射质量200t。

就运载火箭的运载能力而言，20世纪80年代开始，国际商业卫星发射市场呈现了供不应求的局面。为了在国际卫星发射市场上争取更多的用户，欧洲航天局又在“阿丽亚娜-2”型运载火箭基础上陆续研制了“阿丽亚娜-3”型。二者的不同点在于“阿丽亚娜-3”型在“阿丽亚娜-2”型的基础上捆绑了两台固体推进器。“阿丽亚娜-2”型和“阿丽亚娜-3”型从法属圭亚那库鲁发射场发射，可以执行多种任务，但主要是向地球同步转移轨道发射各种卫星。两箭均为长49.5m，直径为3.8m，运载能力分别是“阿丽亚娜-2”型为2.17t，“阿丽亚娜-3”型为2.85t。

“阿丽亚娜-4”型运载火箭的研制开始于1982

年，在“阿丽亚娜-3”型的基础上研制，主要目的在于提高运载能力，开发具有适应多种发射任务的型号，并降低发射成本。其研制费用大约6.5亿欧元，包括6种不同的子型号，各型号之间的主要区别是捆绑不同数量的助推器，其地球同步转移轨道运载能力介于1900～4400kg。1988年6月15日，第一枚“阿丽亚娜-4”型运载火箭试飞成功，此后转入正式的商业发射，它成为欧洲未来10年内最主要的商用运载火箭。

“阿丽亚娜-4”型有6种型号：AR40型，同步转移轨道运载能力为1.9t; AR42P型，带有两个固体捆绑式助推火箭，有效载荷增加到2.6t; AR44P型，带有4个固体捆绑式助推火箭，有效载荷为3t; AR42L型，采用两个液体火箭助推火箭，有效载荷为3.2t; AR44L型，采用4个液体助推火箭，同步转移轨道运载能力达4.2t; AR44LP型，采用两个液体助推火箭和两个固体捆绑式助推火箭，同步转移轨道运载能力为3.7t。火箭长57～59.8m，直径约9m。“阿丽亚娜-4”型运载火箭共完成116次发射，其中成功113次，成功率高达97.41%。而自从1995年3月以来获得了77次连续发射不败的战绩。也就是说，从20世纪80年代中后期开始，欧洲航天局开始取代美国，开始在国际火箭发射市场上占主导地位。

从运载火箭技术方面讲，“阿丽亚娜-4”型运载火箭在当时保持了相当高的水平，特别是它采用了以液氢液氧作为发动机推进剂低温上面级，这种技术后来在其他国家的运载火箭上得到了广泛应用。

“阿丽亚娜-5”型运载火箭是由空客集团、欧洲航天局、阿丽亚娜太空公司、法国空间研究中心联合开发的一种重型火箭。1987年11月，欧洲航天局部长级会议正式批准研制“阿丽亚娜-5”型大型运载火箭。次年1月，计划正式实施。原计划1995年4月和10月分别进行两次鉴定发射，随后投入商用。后因研制进度和财政等原因，计划被迫推迟。1996年6月4日，终于进行了第一次鉴定发射，但不幸遭遇失败，这在世界上产生了重大影响。从1987年确定计划直到1996年首次鉴定飞行以来，“阿丽亚娜-5”型运载火箭计划历时8年多时间，研制费用高达80亿美元以上。虽然首次发射不幸失败，但为以后的研制工作积累了丰富的经验。1997年10月30日，“阿丽亚娜-5”型运载火箭进行第二次鉴定发射时，终于获得成功。“阿丽亚娜-5”型称为世界上第一个“少级数、大直径”的大型运载火箭。

1998年10月28日，第三次鉴定发射任务成功后，正式投入商用。至今，“阿丽亚娜-5”型运载火箭已完成了10次商业发射任务，其中9次成功。2001年7月12日，第七枚“阿丽亚娜-5”型运载火箭进行双星发射时，由于上面级发动机不稳定燃烧导致卫星进入了比预定轨道低很多的无用轨道。这是“阿丽亚娜-5”型运载火箭正式投入使用以后第一次遇到故障，为此，欧洲航天局停止了2001年“阿丽亚娜-5”型运载火箭的其他发射任务，并成立了专门的故障调查小组对故障原因进行调查，2002年3月再次恢复发射。

在技术方面，与以前的火箭相比，“阿丽亚娜-5”型运载火箭具有很大的突破。首先，它采用了“少级数、大直径”的箭体结构，芯级采用5m大直径，箭体采用两级，这样可以有效增加运载火箭内部零部件的部署空间，降低火箭的纵横比，从而提高火箭的结构可靠性。其次，一子级采用一台液体氢氧火箭主发动机，由于火箭级数和主发动机数量减少，使运载火箭的分离控制得到简化，从而增加了运载火箭的系统可靠性；此外，由于采用无毒、无污染推进剂，也有利于环保。最后，研制大直径整流罩和多种灵活的多星发射支架，使“阿丽亚娜-5”型运载火箭具有良好的多星发射环境。

“阿丽亚娜-5”型运载火箭是目前世界上运载能力最大的商用运载火箭。当进行单星发射任务时，它可以把6500kg的有效载荷送入地球同步转移轨道，而进行双星发射任务时，可以把6000kg的有效载荷送入相同的轨道。由于目前世界上最大的商业通信卫星质量不超过5.5t，而大部分商业通信卫星的质量介于2.5～4t，因而“阿丽亚娜-5”型运载火箭不仅具有发射世界上最大的高轨道商业通信卫星的能力，还具有一箭发射两颗较大高轨道卫星的能力，这样可以大大降低用户的发射成本。

进入20世纪90年代之前，欧洲航天局先后停止生产了“阿丽亚娜-1、2、3”型等几种火箭，只保留了“阿丽亚娜-4”型和“阿丽亚娜-5”型运载火箭。20世纪90年代初至今，它们为欧洲竞争国际商业卫星发射市场提供了保障，特别是1999年“阿丽亚娜-5”

“阿丽亚娜”系列运载火箭

型运载火箭正式投入商用以后，在整个国际商业卫星发射市场中占据了几乎一半的市场份额，更加巩固了欧洲商用运载火箭的优势地位。然而，据相关资料报道，首批“阿丽亚娜-5”型运载火箭的平均发射价格为1.5亿美元/枚，这样的价格显然有些过于昂贵。

为此，欧洲航天局又在1995年召开的部长级会议上提出研制“阿丽亚娜-5”型改进型运载火箭。改进的目的是：一方面，继续提高“阿丽亚娜”运载火箭的运载能力；另一方面，大幅降低发射成本。“阿丽亚娜-5”型改进型火箭的改进点主要集中在以下两个方面：①改进现有的一级主发动机，使其具有更高的推力；②改进或重新研制新的上面级，从而形成系列化的“阿丽亚娜-5”型运载火箭。

多年来，“阿丽亚娜-5”型火箭肩负着运载几乎所有欧洲国家卫星入轨的重任，目前已有超过170颗卫星借助“阿丽亚娜-5”型火箭遨游于太空。2018年9月，阿丽亚娜集团还隆重庆祝了“阿丽亚娜-5”型的第100次发射。

在这百余次发射过程中，除了头两次试验验证阶段的失败爆炸外，“阿丽亚娜-5”型火箭在正式服役阶段的失败率一直保持为零。“阿丽亚娜-5”型已经被广泛证明是成熟可靠的。此时，Space X出现了。

2014年，全球范围内仍有29颗地球同步轨道卫星待发射，这个数字在2017年降到了10颗。2019年，“阿丽亚娜-5”型火箭已确认的发射订单仅为6笔，而2020年则是尴尬的零。越来越少的发射订单、高昂的单次发射成本使得“阿丽亚娜-5”型变得越来越不经济，甚至给阿丽亚娜集团带来了巨额的亏损，不得不愈发依赖于欧盟的补贴。Space X所带来的压力是巨大的。“猎鹰-9号”的发射成本约为6200万美元，内部人士称，“阿丽亚娜-5”型的发射成本为1.78亿美元左右，是前者的近3倍。正是在这样的背景下，“阿丽亚娜-6”型火箭被提上了日程，分析称，“阿丽亚娜-6”型火箭的发射成本将对标“猎鹰-9号”，比“阿丽亚娜-5”型降低一半。总之，随着运载火箭的发展和全球军事航天局势的变化，运载火箭的发展已经呈现不进则退，不进则亡的趋势。

## 日本：军事色彩渐浓

日本在第二次世界大战中虽然是战败国，但其国内的工业基础基本没有遭受战争破坏，其国内的航空工业从业人数多时达到100万人，战时生产的“零”式战斗机，性能也与美苏不相上下，年产飞机28000架。日本从20世纪50年代开始恢复航空工业，并开始发展火箭和航天技术，1955年3月12日，一枚长度只有23cm，质量也只有202g的袖珍火箭在日本发射。这枚袖珍火箭很形象的被命名为“铅笔”，尽管长度只有23cm，但它的发射成功却标志着日本已经开始迈入航天时代的大门。发明它的东京大学航空技术研

全长23cm的“铅笔”火箭

究班的学者们无论如何也想不到，自己这个不起眼的小成就将成为一段传奇的开始。而他们的领军者——系川英夫教授的名字将在之后的岁月中照耀整个人类航天史。

在“铅笔”火箭成功升空4个月之后的1955年7月，日本国家航空航天实验室（National Aerospace Laboratory of Japan，NAL）成立了，并在同年拨付1472万日元。它起初被称为国家航空实验室，于1963年增加了航空航天部。该实验室成立以来，主要负责研究飞机、火箭和其他航空运输系统，以及周边技术。1959年7月，日本科技厅又成立了航天科学振兴筹备委员会并发表了日本第一个航天规划——《当前宇宙科学技术开发规划》。日本正式走上了自己的航天之路。

日本的航天事业由政府集中领导，政府设有宇宙开发委员会。具体工作由科学技术厅的宇宙开发事业团和文部省的日本宇宙科学研究所负责。1969年成立了宇宙开发事业团，负责统筹研制运载火箭和卫星，以及发射设施和卫星地面跟踪设备。筑波宇宙中心是它的重要研究试验基地，配有大型空间环境模拟器、火箭飞行模拟装置等试验设施设备。火箭发射场设在日本南部的种子岛。在1981年，又在系川英夫教授所在的东京大学宇航研究所的基础上成立了日本宇宙科学研究所，主要任务是利用气球、探空火箭、人造卫星等多种手段进行空间科学研究，研制固体运载火箭和科学卫星。

系川英夫教授的团队也开始研制K系列火箭。短短4年之后的1958年，系川教授的K-6火箭就成功发射，并达到了60km高空，圆满完成了对地球高层大气风、温度、压力、宇宙射线，以及太阳辐射光谱的观测任务。这一成就不仅使日本成为国际宇宙航行联合会的成员，更让日本成为世界上第4个、亚洲第1个独立发射探空火箭的国家。

随后，日本的航天事业全面开花。K系列、M系列、L系列等多种小型固态火箭的研制工作全面展开。其中L-4S火箭（兰姆达）是工作的重中之重，它将承担日本第一颗卫星的发射任务。L-4S火箭全长16.5m，直径0.74m，由L-3火箭增加一级发动机改造而成。但L-4S的研制并不是一帆风顺的，前4枚火箭的发射都以失败告终。第一枚的第三级飞行弹道出现偏差导致自旋发动机点火失败。第二枚火箭的末级火箭也点火失败。第三枚火箭再次点火失败。而第四枚的第三级箭体则直接撞上了末级，导致火箭爆炸。

1970年2月11日，日本从鹿儿岛航天发射中心使用一枚L-4S运载火箭，将一颗名为“大隅”的试验卫星(重9.4kg)送入倾角31.04°，近地点339km、远地点5138km的地球椭圆形轨道。日本成为继苏、美、法之后，第4个拥有卫星发射能力的国家。L系列是日本第一种实用型运载火箭，采用固体火箭发动机，直径1.4m。由于L系列和M系列固体火箭运载能力较小，日本从20世纪80年代开始研制H系列液体运载火箭。经过不懈的试射，在1970年2月11日，搭载了日本第一颗卫星“大隅1号”的L-4S-5火箭终于发射成功。火箭成功将 9.4kg 的“大隅号”送入了预定轨道，成为亚洲发射的第一颗卫星，浩瀚宇宙中第一次有了亚洲人的声音。2 个月后，1970 年 4 月 24 日，中国的“东方红一号”卫星发射成功。

在 L-4S 火箭基础上，日本又发展了 M 系列火箭，第一代 M 系列火箭是 M-4S 火箭，它比 L-4S 试验火箭的运载能力提高了 3 倍。该箭为四级固体火箭，全长 23.6m，直径 1.41m，总重 43.5t，可将 75kg 的有

发射了“大隅号”的 L-4S-5 火箭

效载荷送上近地椭圆轨道。第二代以后 M 系列火箭改为三级，型号分别为 M-3C、M-3H、M-3S 等。

1969 年，美日两国签订了宇宙开发协议，美国承诺向日本提供火箭技术援助，1970 年宇宙开发事业团决定引进美国“德尔塔号”运载火箭技术，在此基础上，发展本国的 N 系列运载火箭。这一系列包括两个型号，N-1 火箭和 N-2 火箭。N-1 火箭有三级，总长为 32.6m，最大直径 2.44m，起飞质量 90t，近地轨道的有效载荷重 1.2t，地球同步转移轨道的有效载荷重 260kg。N-2 火箭总长 35.4m，起飞质量 136t，近地轨道有效载荷为 2t，地球同步转移轨道的有效载荷为 680 ～ 715kg。1975 年 9 月 9 日，日本首次用 N-1 火箭成功地发射了“菊花 1 号”技术试验卫星。1977 年 2 月，日本又将“菊花 2 号”卫星送入地球静止轨道。这也标志着日本成为继美苏之后，世界上第 3 个能发射静止卫星的国家。1981 年 8 月，用 N-2 火箭将气象卫星“向日葵 2 号”送入地球静止轨道。

1981 年，日本宇宙开发事业部开始研制 H 系列运载火箭。H-1 火箭是一种三级常规燃料火箭，全长 40m，直径 2.4m，总重达 140t，能把 1t 重的卫星送入地球静止轨道。H-1 火箭的第二级 LE-5 发动机使用液氢液氧推进剂，在世界上首次实现了二次点火技术。H-1 火箭包含了许多来自美国的技术，在美国的帮助下，日本的 H 火箭取得了不错的成绩，此后的 5 年多，共发射了 9 次，将 12 颗不同类型的卫星全部成功送入预定轨道。

为满足日本航天事业进一步打造的需要，也为了摆脱使用美国技术而带来的限制，日本从 1984 年开始，授权三菱重工研制全部国产化的 H-2 运载火箭。H-2 是一种两级液氢液氧燃料火箭，全长 50m，直径 4m，总重 260t，可把约 9t 的有效载荷送上近地轨道，把 2t 的有效载荷送上地球同步轨道。H-2 火箭是日本最大的运载火箭，它的投入使用，将使日本的运载火箭提高到一个新的水平。H-2 系列又主要包括 H-2A 和 H-2B。H-2A 于 2001 年 8 月首次发射成功，最大起飞质量为 445t，全箭长 53m，直径 4m，近地轨道运载能力 10 ～ 15t，地球同步转移轨道运载能力 4.1 ～ 6t。H-2B 于 2009 年首次成功发射升空，与 H-2A 的区别在于 H-2B 一子级使用了两台 LE-7A 发动机，同时将一子级火箭的燃料箱直径由原来的 4m 扩大到 5.2m，其最大起飞质量为 551t，全箭长 56m，直径 5.2m，近地轨道运载能力 16.5t，地球同步转移轨道运载能力 8t。2017 年 1 月 24 日，日本首颗军用通信卫星 DSN-2 由 H-2B 运载火箭发射后，精确入轨。DSN-2 军用通信卫星由 DSN 公司研制，因此被冠以这个名字。对于日本来说，这颗卫星具有划时代的意义：这是日本防卫省拥有的第一颗军用通信卫星，彻底结束了之前日本防卫省需要借用民用通信卫星进行卫星军事通信的历史。H-2B 发射次数较少，主要用于发射“鹳”运货飞船，为国际空间站运送物资和补给。H-2A 总共发射 42 次，除了第 6 次发射失败之外其余 41 次全部成功，而且目前已经连续发射成功 35 次，发射成功率高达 97.5%。H-2 的技术水平完全可以与欧洲“阿利亚纳”3、美国“大力神”3、俄罗斯“质子”M 并列为世界上最先进的火箭。它的改进型 H-2B 火箭起飞质量更是达到了 551t，比发射了“天宫 1 号”的“长征”2FT1 火箭还要大数十吨。

虽然，H-2 系列火箭在性能和运载能力上完全能同欧美国家的运载火箭媲美，但发射成本较高。根据相关资料，H-2 火箭发射成本为 1.5 ～ 1.7 亿美元，

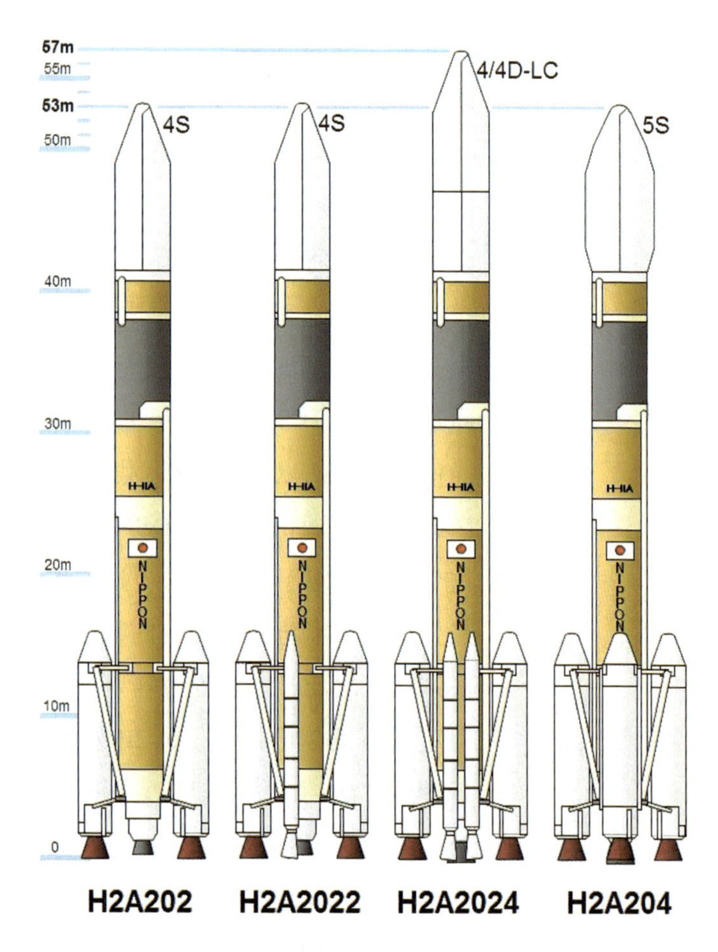


H-2 系列运载火箭

H-2A 火箭降到了 9000 万美元，但在国际市场依然没有什么竞争力，毕竟 Space X 公司的“猎鹰”9 火箭发射才 6200 万美元左右。为了增强国际市场竞争力，日本 2015 年开始研制 H-3 火箭。

除此之外，固体运载火箭是中远程弹道导弹及洲际导弹的“亲戚”，为了进行相关技术储备，日本一直非常重视固体运载火箭的发展，也将太空视为关键战略军事领域。日本政府依然对国内的导弹和火箭的研究持续进行大力扶持，长期以来，日本航天技术的研发费用居世界第 4 位，仅次于美国、苏联和法国。日本国会在 1969 年曾通过决议，明确规定火箭、卫星等的开发利用“仅限于和平目的”，但在 2008 年，日本通过《宇宙基本法》，改变 1969 年确定的“和平利用太空”原则。2009 年以来，日本通过多个版本《宇宙基本计划》，明确要求从国家层面规划军民两用航天计划，允许本国的宇宙空间开发用于军事防卫目的。其中，2015 年版本提出日本航天技术应用于军事领域的策略，2018 年版本明确了日本太空军事化的核心项目。2019 年 1 月，日本政府开始研究自卫队与美军新的联合作战计划，其中，太空领域的联合作战计划包括干扰和破坏对方卫星等行动。此举表明，日本已将太空视为与常规作战域同等重要的领域。

2013 年 9 月 14 日，日本新一代固体运载火箭“艾普西龙”发射升空。这是一枚三级固体燃料火箭，全长 24m，直径 2.6m，质量 91t，可以将 1200kg 的有效载荷送入 250 ～ 500km 的低地球轨道。如果允许，日本可以在短时间内研制出先进固体洲际导弹。2019

年1月，日本“艾普西龙”（2）CLPS型运载火箭成功发射日本宇宙航空研究开发机构（JAXA）的“快速创新有效载荷验证卫星”（RAPIS）1，并搭载发射了日本和越南的6颗微小卫星。这是该火箭的第四次发射，前三次是分别在2013年9月、2016年12月和2018年1月进行的。

“艾普西龙”火箭的先进性不在于推进系统，运载能力也低于M-5火箭，而是体现在智能化和简洁性上。它创新性地采用了人工智能技术，可自动执行火箭上的设备监测，能自主发现故障并找出故障原因，大大简化地面操作，减少人为操作，并且还缩短发射准备时间。可使用一台计算机实现火箭的发射控制，极大缩短了发射准备时间。

“艾普西龙”火箭可在一周内发射卫星，可用于战时发射军用卫星，监视热点地区或提供通信导航等服务，也可以用于战时发射补网卫星，接替被摧毁的卫星，保持空间信息支援能力。此外，火箭还可以用于发射天基反卫星武器，参与太空反卫星战斗。尽管日本的航天发展受到法律限制，不能将运载火箭用于军事攻击性目的，但日本将其运载火箭改装成近、中、远程导弹的技术已成熟，具备了研制战略导弹的能力，值得警惕。

# 马斯克的“猎鹰”上天了

Space X 公司创始人——埃隆·马斯克

北京时间 2010 年 6 月 5 日 2 时 45 分，美国太空探索技术公司（Space X）研制的“猎鹰 -9 号”火箭首次发射取得了成功，公司创始人埃隆·马斯克的航天旅程取得了开门红。马斯克坚信随着人类的发展和地球环境的恶化，人类必须向外星移民，2001 年提出一个移民火星的设想，命名为“火星绿洲”（Mars Oasis），计划发射小型温室到火星，其中带有培养皿和植物种子，这样就能让植物在火星上生长，2001 年 10 月，马斯克与航空专家吉姆·坎特尔（Jim Cantrell）及大学时代好友安德罗·罗西（Adeo Ressi）一同前往莫斯科，希望通过购买的方式解决火箭的问题。在拜访了俄罗斯几家大的航天集团后，包括为俄罗斯联邦航天局建造火星和金星探测器的拉沃奇金设计局和商业火箭发射器制造商科斯莫特拉斯，但未能达成协议。

2002 年 6 月，马斯克在洛杉矶郊区成立了 Space X 公司，就如它的名字一样，这家公司将在太空探索更多的未知。第一批员工入职时，他们被告知，Space X 的目标是成为“太空行业中的西南航空公司”。公司创立伊始，马斯克的目标瞄准的是低端卫星市场，打破卫星发射市场暴力烧钱的传统。马斯克利用互联网思维来经营 Space X。在 Space X 纯白色的办公室里，设计工程师、计算机科学家、电焊工、机械师实现了真正的跨界融合。马斯克宣布 Space X 的第一枚火箭名为“猎鹰 -1 号”，向《星球大战》中的“千年隼”号致敬。Space X 打算独立从事“猎鹰”

火箭的全部开发工作，包括两台火箭推进器、涡轮泵、低温贮罐结构和制导系统。没有政府资金支持，几个人白手起家，没有人相信他们能成功。“猎鹰 -1 号”设计目标是搭载 1400 磅（635.03kg）的负荷，并且只需要花费 690 万美元。而在当时，发射一枚 550 磅（249.48kg）载荷火箭的成本都至少需要 3000 万美元。

为了实现目标，Space X 聘请了来自波音公司、NASA 喷气推进实验室（JPL）、天合公司（TRW）的优秀工程师和管理者，这些人在以前的公司受到各种条条框框的限制，无法自由工作。而在 Space X，马斯克甚至会用他的私人飞机搭载工程师往返加利福尼亚州工厂和得克萨斯州的试验场，以缓解他们的颠簸之苦。不同于传统公司的氛围和文化，让 Space X 形成了一种特有的团队氛围，共同抵御外界的质疑。

马斯克为火箭发射计划设置了近乎疯狂的时间表——2003 年 5 月、6 月分别造出两台火箭推进器，7 月火箭机身，8 月一切装配完毕，9 月发射台准备完毕，2003 年 11 月，也就是公司成立 15 个月后，进行首次发射。当时，马斯克从 eBay 对 PayPal 的收购中获得了一笔资金，他向 Space X 投入了 1 亿多美元。然而这些预算仅够发射 3～4 次，一旦接连遭遇失败，便无法从头再来。当然，Space X 公司之所以能够迅速崛起，也受益于 NASA 和美国空军给予的技术扶持和转移。NASA 通过直接派驻技术人员和转让专利等方式，帮助其发展和验证了关键技术；NASA 开放了“阿波罗”计划中的部分技术，如“猎鹰”系列火箭的“灰背隼”发动机就是采用了“阿波罗”计划登月舱下降级发动机的喷管技术；美国空军也将里根陆军试验中心发射场、范登堡空军基地的 SLC-40 发射场提供给 Space X 公司用于发射“猎鹰”系列火箭。

当 Space X 成功制造出第一级火箭推进器“灰背隼”和第二级火箭推动器“茶隼”，并开始制造整流罩时，他们获得了一个客户——为美国国防部运载一颗卫星。火箭从测试阶段进入发射阶段，范登堡空军基地由于有美军的间谍卫星发射任务，要等待几个月才能发射。无奈之下，Space X 只能到关岛和夏威夷之间一座与世隔绝的小岛夸贾林上发射火箭。Space X 只有 30 人的团队用了几个月的时间，在这座只有 7 英亩（2.83ha），长满棕榈树的小岛上改造了一座发射台。登岛后 6 个月，Space X 团队一切准备就绪。

2006 年 3 月 24 日，“猎鹰 -1 号”在临时搭建的夸贾林岛发射场发射。大约 25s 后，“灰背隼”发动机上方失火，火箭突然开始旋转，最后失控坠落地面，火箭搭载的卫星设备把车间屋顶撞得粉碎，工程师戴上潜水装置到浅海寻找火箭残骸。

对残骸的分析得出的结论证明，一枚铝制的 B 型螺母因为在夸贾林岛高含盐量的空气中存放数月而被腐蚀，发生了松动。一年后，2007 年 3 月 21 日，Space X 再次进行火箭发射，“猎鹰 -1 号”从棕榈树环绕的发射台上一跃而起，冲向太空，一级解体后一切顺利，但后来火箭又开始摆动，又变成胡乱抖动，设备失控，解体，最后爆炸。故障是由于推进燃料逐渐被消耗，剩余燃料在罐子里来回旋转晃动，引起火箭摆动。这次失败对 Space X 的工程师来说是一次致命的打击。他们花了近两年时间往返于加利福尼亚州和夸贾林岛，下一次发射即便成功，距离马斯克最初的目标也过去 4 年了，马斯克通过互联网产业积累的财富很快就要花光了，公司内部的人都知道，Space X 的资金只够再进行一两次发射了。

第三次发射是在 2008 年 8 月 2 日，吸取了上次的教训，这次的“猎鹰 -1 号”更换了新版的、调整过冷却系统的“梅林 -1 号”火箭发动机（Merlin 1）。一切看上去都非常顺利，加利福尼亚州的工作人员通过网络直播观看了发射全程，然而，仅仅 30s 后，当

Space X 团队用 6 个月时间搭建的夸贾林岛发射场

一级箭体和二级箭体进行分离时，火箭突然发生故障，发射再次失败。失败原因正是这个新发动机，突然产生了没有预料到的巨大推力，导致一级箭体和二级箭体相撞。更糟糕的是，由于二级火箭没有正常启动，工程师也无法确认上一次燃料晃动的问题是否真正得到了解决。这次发射失败就像宣告 Space X 的世界末日，当时特斯拉 Roadster 的量产陷入难产，马斯克为 Space X 投入了 1 亿美元，他已经没有任何多余的经费了。

第四次发射对 Space X 来说，是不能再失败的一次试射。马斯克心情急切，没有耐心等待漫长的海上运输，而是租了一架军用货机将“猎鹰 -1 号”箭体从洛杉矶送到夏威夷。不过由于运输问题，火箭好几处都凹陷、断裂，大家推测需要 3 个月才能修复如初。马斯克立即派出一个修理团队，仅用两周时间就修好了箭体。2008 年 9 月 28 日，Space X“猎鹰 -1 号”火箭第四次发射，这次它没有被赋予任何发射任务，因为无论是公司还是军方，都不希望再有任何东西爆炸或掉入海中了，所以二级箭体只搭载了 360 磅（163.29kg）的虚拟货物。

点火启动，火箭节节攀升，一级箭体按计划脱离后，二级箭体“茶隼”经过 90s 启动开始飞行。在员工狂喜的叫喊声中，载着虚拟货物的“茶隼”按照计划开始了长达 6min 的燃烧。最终，在 9min 的旅途过后，“猎鹰 -1 号”按照计划停止工作。世界上第一枚商业公司建造的火箭成功了，500 个人，花费了 6 年时间，创造了现代科学和商业的奇迹，马斯克走出控

“猎鹰 -9 号”运载火箭实现了海上回收

制室，在工厂的走廊中受到了摇滚明星般的热烈欢迎。

经历了 2008 年的濒死体验后，Space X 已经开始盈利。“猎鹰 -9 号”也不必再去太平洋上的小岛上进行发射，而是在南加利福尼亚州的范登堡空军基地，无须排队。2009 年 7 月，Space X 用这款火箭将马来西亚 RazakSat 遥感卫星送入轨道，成功完成其第一次商业发射。它以每次发射 6000 万美元的低价打败了美国的竞争对手们，甚至比俄罗斯和中国的价格还要低。

“猎鹰 -9 号”是后续研制的可回收中型运载火箭，高 70m，直径 3.7m，重 55t，由 9 个呈八边形分布的发动机供电，发动机上的一级箭体画着蓝色 Space X 徽章和美国国旗，再往上是最终会飞向太空完成任务的二级箭体，外形优雅，功能明确，源自“猎鹰 -1 号”，没有中间的 2 ～ 8 号，因为 Space X 用这个数字代表一级火箭的发动机数量，所以“猎鹰”这个大类严格来说只有两款分类：一台发动机的叫“猎鹰 -1 号”，9 台发动机的叫“猎鹰 -9 号”。

“猎鹰 -9 号”经历了 5 个版本演化——1.0 版、1.1 版、全推力版 Block 3、全推力版 Block 4 和全推力版 Block 5，成为美国发射次数最多的火箭，累计进行 86 次发射，其中 84 次成功、1 次失败、1 次部分失败。在此基础上，又发展了“猎鹰重型”运载火箭，“猎鹰重型”运载火箭由 3 个“猎鹰 -9 号”发动机核心组成，其 27 个“梅林”发动机可以提供超过 2280t 的推力，相当于大约 18 架 747 飞机以最大功率运转的推力。

Space X 从早期版本开始，就考虑了“可重复使用”这个概念，当时限于任务载荷，计划让一级箭体

进行点火测试的“猎鹰重型”运载火箭

利用降落伞返回地面，回收火箭。不过在5次试验发射中，箭体和降落伞都因再入大气层而被摧毁，回收到的只是火箭残片。为此，马斯克调整了回收方案，改为动力反推实现垂直下降。直到2015年12月，“猎鹰-9号”的第20飞，火箭第一级终于在卡纳维拉尔角空军基地成功着陆，实现了火箭陆上回收。在第23飞，第一次实现了海上回收。在几次着陆尝试后，经过多次的快速迭代，加上军方更多的任务分配，Space X的互联网思维和高效的扁平管理模式开始显出威力。终于迎来了第二版“猎鹰-9号”，共计24次尝试回收一级火箭，22次安全回收。直到此时，“可重复使用”这一概念才不再是“业界笑柄”，火箭发射的成本也因此大大降低。“猎鹰-9号”火箭的近地轨道发射报价约为6000万美元。在此基础上，第一级可回收并重复使用，使得该火箭的成本再降低70%。最新的“猎鹰-9号”“Block 5”版本能够实现10次复用，一级回收俨然已成“标配”，全新火箭标准报价6200万美元，况且整流罩回收也不止一次，让传统火箭感受到了危机。

2018年2月6日，Space X成功发射“猎鹰重型”火箭。这是全世界目前最强大的运载火箭，两个助推器（实质就是一枚“猎鹰-9号”一级火箭）同时在发射场着陆的画面堪称科幻成真。2019年3月3日，“猎鹰-9号”推送的载人“龙”飞船与国际空间站成功对接。

很长一段时间内，美国军事卫星的发射任务被洛克希德·马丁和波音两家军工巨头所垄断。洛克希德·马丁的“大力神-5”运载火箭和“宇宙神”系列运载火箭几乎垄断了所有军星发射任务。波音则凭借其“德尔塔”系列运载火箭在包括GPS卫星在内的军星发射任务中与洛克希德·马丁平起平坐。两家公司都掌握了高精尖的技术，但是面对美国军方这个唯一的绝密军事任务大甲方，他们并没有什么议价权。

2006年12月，洛克希德·马丁公司和波音公司划出所有涉及美国军事发射任务的部门，各出资50%成立的一家合资企业。整合了两大集团的军事载荷发射业务部门和相关技术团队，成立了联合发射联盟。在2006年到2016年这长达10年的时间里，美国国防部、美国空军、NASA及其他政府机构的大型航天器的发射业务被联合发射联盟所垄断。这也直接导致了火箭报价高昂，“宇宙神”和“德尔塔”运载火箭的发射报价动辄就是1.7亿美元甚至高达4.5亿美元的部分原因。

随着“猎鹰-9号”运载火箭逐渐成熟，美国空军终于又有了招标的能力。2015年，美国空军找到Space X公司，开始认真探讨用“猎鹰-9号”运载火箭发射美国军用间谍卫星和其他绝密空间飞行器的可能性。2016年，他们准备让联合发射联盟与Space X公司竞标。当时正值乌克兰局势不稳，美国国会收到一份材料，其核心思想就是考虑不再允许美国企业使用俄罗斯的RD-180火箭发动机。2016年4月28日，美国空军把最新的一份价值8270万美元的GPS卫星发射合同签给Space X公司。这象征着联合发射联盟在美国长达10年的垄断地位终结。

4

# 登天铁骑——载人飞船

载人航天是人类驾驶和乘坐载人航天器在太空从事各种探测、试验、研究、军事和生产的往返飞行活动。载人飞船，则是人类往返于太空与地球之间的重要工具，是可以运送航天员到达太空并安全返回的一次性使用的航天器。它能基本保证航天员在太空短期生活并进行一定的工作。它的运行时间一般是几天到半个月，一般可乘 2 到 3 名航天员。

至今，人类已先后研制出 3 种构型的载人飞船，即单舱型、双舱型和三舱型。其中单舱式最为简单，只有航天员的座舱，美国第 1 个航天员格伦就是乘单舱型的“水星号”飞船上天的；双舱型飞船由座舱和提供动力、电源、氧气和水的服务舱组成，它改善了航天员的工作和生活环境，世界第1个女航天员乘坐的苏联“东方号”飞船、世界第1个出舱航天员乘坐的苏联“上升号”飞船以及美国的“双子星座号”飞船均属于双舱型；最复杂的就是三舱型飞船，它是在双舱型飞船基础上增加1个轨道舱（卫星或飞船），用于增加活动空间、进行科学试验等，或增加1个登月舱（登月式飞船），用于在月面着陆或离开月面，苏联/俄罗斯的“联盟”系列和美国“阿波罗号”飞船是典型的三舱型。随着科技的不断进步和载人航天的持续发展，主要航天国家、优势商业航天企业纷纷开展新型载人飞船的研制或论证工作。除俄罗斯“联盟MS”飞船外，美国大力推动载人“龙”飞船、“星际客船”等新一代商业飞船的研制工作，并取得重要进展；围绕载人月球探测活动，美国正在发展“猎户座”飞船，俄罗斯也加紧研制新一代的“雄鹰”飞船。

# 苏联航天员加加林与“东方 1 号”飞船

加加林在“东方 1 号”飞船驾驶舱内

苏联航天员加加林搭乘“东方 1 号”飞船，于 1961 年 4 月 12 日，莫斯科时间 9 时 7 分从拜克努尔发射场起航，在最大高度为 310km 的轨道上绕地球一周，历时 108min，于上午 10 时 55 分降落在苏联境内的萨拉托夫州斯梅洛夫卡村地区，完成了世界上首次载人太空飞行。这次航天飞行使 27 岁的空军少校飞行员加加林成为第一个进入太空的人。他因此荣膺列宁勋章，并被授予苏联英雄和苏联航天员称号。

“东方号”飞船是苏联最早的系列载人飞船，也是世界上第一个载人进入外层空间的航天器。由科罗廖夫和克里莫夫共同完成，从 1961 年 4 月至 1963 年 6 月共发射 6 艘。飞船由球形密封座舱和圆柱形仪器舱组成，重约 4.73t。在轨道上飞行时与圆柱形的末级运载火箭连在一起，总长 7.35m。球形座舱直径 2.3m，只能乘坐 1 名航天员，舱壁上有 3 个舷窗。舱外表面覆盖一层防热材料。座舱内有可供飞行 10 昼夜的生命保障系统、弹射座椅和无线电、光学、导航等仪器设备。座舱后面是仪器舱，安装了化学电池、返回反推火箭和其他辅助设备。最后面的圆柱体，就是末级运载火箭。座舱上面，有 3 个舷窗，可以用来观察外面的景物。座舱里还有氧气、水等航天员生活必需品。“东方号”携带的物品可供航天员 10 昼夜生活使用。

“东方号”飞船在返回前抛掉末级运载火箭和仪器舱，座舱单独再入大气层。当座舱下降到离地面约 7km 高度时，航天员弹出飞船座舱，然后用降落伞单独着陆。仪器舱位于座舱后面，舱内装有化学电池、返回反推火箭和其他辅助设备。“东方号”飞船既可自动控制，也可由航天员手控。飞船飞行轨道的近地点约为 180km，远地点为 222 ～ 327km，倾角约 65°，周期约 89min。值得说明的是，“东方号”飞船有编队飞行能力。“东方 3 号”飞船和“东方 4 号”飞船进行了首次编队飞行，这为未来的交会对接积累了经验。

“东方号”飞船的轨道设计有一个突出的特点，就是采用近地点只有 180km 的低轨道，这样低的高度，大气对飞船轨道衰减十分厉害。这种设计有几大优点：一是如果制动火箭系统失灵，飞船可以在 10 天内逐渐衰减轨道高度，最终以不太大的再入速度返回地面；二是飞船设计可以不必考虑复杂的轨道保持系统，简化了设计；三是由于飞船不是垂直高速再入而是缓慢地大倾角再入，因而使烧蚀防热设计更容易些。但这也随之带来了一个严重的缺点，就是飞船的再入和着陆点很难预测，而且往往离发射场地很远。

“东方 1 号”载人飞船

加加林是白俄罗斯人，1934 年 3 月 9 日生于苏联斯摩棱斯克州格扎茨克区的克卢希诺镇。加加林的父母，乃至祖父母都是农民。在第二次世界大战期间加加林曾经历纳粹统治，生活困苦。1951 年，17 岁的加加林从柳别尔齐职业中学毕业，成为冶金工人，并同时在萨拉托夫工业技术学校学习。加加林的飞行员生涯就是从萨拉托夫开始的，他在工厂上班时期就加入了萨拉托夫航空俱乐部，利用业余时间学习飞行。1955 年他以优异的成绩考入奥伦堡航空军事学校学习飞行，并于 1957 年参军，成为苏军北海舰队航空兵的一名歼击机飞行员。

1959 年 10 月，苏联首位航天员的选拔工作在全国展开。加加林从 3400 多名 35 岁以下飞行员中脱颖而出，国家航天员选拔委员会在对加加林的总结鉴定中写道："身高 165cm，重 68kg。喜欢打篮球，健康状况良好。是一个有纪律、有文化的军官。智力发展水平高。性格安静、开朗。个性结构中占主导地位的是善于社交、乐观、富有幽默感，拥有无限的自制力，有耐力，轻松应对训练，工作有成果，非常协调。在同事中以好钻研、机智和反应快见长。"这就是为人类开辟通向宇宙之路的尤里·加加林的写照。

1960 年 3 月加加林被送往莫斯科，开始在苏联航天员训练中心接受培训。在经历多轮人员筛选后，加加林与其他 19 名航天员被选中参与苏联太空计划，后来又成为第一个入选"东方计划"11 人的航天员梯队。理论上这 11 人都有可能成为飞天第一人。因为加加林有两个女儿，曾有人建议让另一位没有后代的航天员盖尔曼·蒂托夫替换加加林。但是科罗廖夫却坚持选择加加林，并亲自对他进行了飞行前的测试。加加林出色的表现证明科罗廖夫的选择是正确的。据说，为了避免航天员落入敌对国家领土进而发生叛逃事件，"东方 1 号"飞船上安装了遥控炸弹，科罗廖夫和加加林各掌握两段炸弹引信触发密码中的一半。出于对加加林的信任，科罗廖夫在飞船发射前把自己知道的那一半密码告诉了加加林。

正当所有人都对人类第一次飞天未来充满信心的时候，灾难发生了。1961 年 3 月 23 日，"东方计划"航天员梯队中最年轻的一位——25 岁的邦达连科在压力隔离舱内进行试验时，因突发火灾烧伤而死。这是第一位在训练中牺牲的航天员，当时陪同他奔往医院的人中就有加加林。

赫鲁晓夫建议把发射时间从4月底推迟或提前。科罗廖夫不打算推迟，那样很可能因为不可预见的突发事件导致落后于美国。他权衡了几个日夜，最后给赫鲁晓夫打电话，明确说他们准备在4月12日发射。

“东方1号”飞船在拜科努尔发射场发射升空

1961年4月12日莫斯科时间上午9时零7分，加加林乘坐“东方1号”飞船从拜克努尔发射场发射升空，在最大高度为301km的轨道上绕地球一周，历时108min，于上午10时55分安全返回，降落在萨拉托夫州斯梅洛夫卡村地区，完成了世界上首次载人航天飞行，实现了人类进入太空的愿望。他所乘坐的“东方1号”飞船成为世界上第一个载人进入外层

空间的航天器。起飞前，加加林本应该说规定好的“全体注意，起飞！”可是他打破了这个规矩，说出了那句日后成为经典名句的“走起！”(Let’s go) 这句话的灵感来自加加林特别喜欢的作家查尔斯·狄更斯 (Charles Dickens) 的小说《小杜丽》，小说中，这句话是猫将鹦鹉拖出笼子时鹦鹉说的。加加林对太空的景观有以下的描述：“天空非常的幽暗，而地球是蓝色的，看起来一切都非常清澈。”美国报纸在加加林进入太空后最早的报道中说：“加加林进入太空才 108min，但这 108min 足以改变世界。”

不过，这 108min 的太空之旅险象环生：飞船气密传感器曾在发射前就发生了故障，为此，工程师不得不在发射前的数分钟内先松开然后重新拧紧舱盖上的 32 个螺栓；飞行中通信线路也曾一度中断，本来应显示吉利的信号“5”，结果跳出个表示飞船失事的数字“3”；在飞船返回地面的过程中，太空舱与服务模块相连的电缆未能断开。后来，这位宇航员回忆道：“我身处一团火云中，冲向地球。”连续的摩擦和高温终于烧穿了电缆，加加林按计划在太空舱撞到地面之前跳伞，在伏尔加河附近安全着陆。

4 月 12 日当飞船成功发射后，赫鲁晓夫焦虑不安地在电话旁守候了一个半小时，铃声一响，他抓起电话，一听是科罗廖夫的声音，总书记几乎是喊着问总设计师：“先告诉我，他是否活着？”

当时塔斯社准备了 3 份新闻稿，一份是航天员成功返回，另两份分别是飞船未进入轨道以及飞船失事、航天员罹难。赫鲁晓夫其实已经做好准备面对可能出现的任何事故。

当加加林完成了史无前例的宇宙飞行后，全世界都对他挥手致敬，莫斯科以极其隆重的仪式欢迎凯旋的航天英雄：礼炮在轰鸣，欢腾的人群在喊叫，豪华的护送队，为加加林加冕大大小小的国家勋章。苏联领导人赫鲁晓夫在莫斯科去机场亲自迎接了加加林。赫鲁晓夫随后将加加林与克里斯托弗·哥伦布进行比较，授予他列宁勋章并授予“苏联英雄”和“苏联航天员”称号。

第一次人类太空飞行也加剧了超级大国之间的初期太空竞赛。加加林飞行大约一周后，美国总统肯尼迪责成其副总统林登·约翰逊汇报美国太空计划的状况。约翰逊警告说，需要采取紧急行动，以防止美国在太空探索方面远远落后于苏联。1962 年，加加林当选为第六届苏联最高苏维埃代表。1964 年 11 月，任苏联—古巴友好协会理事会主席。

首次太空飞行之后，加加林担任苏联最高苏维埃副主席，并入选苏联列宁共产主义青年团，又进入茹科夫斯基航空工程学院学习，并出色地答辩了毕业设计，学院推荐他到高等军事学院研究生院当函授生。加加林也积极参加训练其他航天员的工作，1961 年 5 月成为航天员队长，1962 年 6 月 12 日升任中校，1963 年 11 月 6 日升任上校，1963 年 12 月荣升为航天员训练中心副主任。在训练其他航天员的同时，他自己并没有放弃训练，梦想着能够再次进入太空。1967 年 4 月，他完成了“联盟号”飞船首次飞行的培训准备工作，成为航天员科马罗夫的替补。他在进行航天训练之余，并未放弃驾驶歼击机，还专门进入茹科夫斯基航空军事学院继续学习飞行，并于1968年2月毕业。

当加加林还在为再次升空做准备时，意外突然发生了。1968年3月27日，加加林与飞行教官谢廖金驾驶的一架米格-15歼击教练机，在例行训练飞行中坠毁。灾难发生的这一天，加加林按计划要驾驶米格-15歼击教练机飞行两次，每次半小时。10时19分，飞机升空。10时30分，加加林把空域作业的情况报告飞行指挥，请求准许取航向320返航。此后，无线电通信突然中断，1min后，飞机一头栽到地上。

事故发生后，政府成立了事故调查委员会。经过认真分析研究后认为："1968年3月27日飞机飞行准备工作完全是按照现有技术操作规程的要求进行的。"调查委员会查明了飞机与地面相撞时的状态。当时，飞机在两层云带空域里飞行，看不见地平线。返航时，本应从70°航向向320°航向下降转弯，后来一定发生了某种突发事件，使飞机处于临界状态。飞机飞出低层云，航迹倾斜角达到70°～90°，飞机几乎是垂直俯冲下来，加加林和另外一名飞行员密切配合，想尽最大努力使飞机退出俯冲状态，但当时飞行高度只有250～300m，时间也只剩2s，他们没有成功，年仅34岁的加加林就这样离开了人世，以至于人们都不相信他真的牺牲了。加加林死后，其骨灰被安葬在克里姆林宫墙壁龛里，他的故乡格扎茨克被命名为加加林城，他训练所在的航天员训练中心也以他的名字命名。

莫斯科航天博物馆内的名人墙，第一位就是加加林

加加林的贡献也受到了美国人的尊敬。在执行“阿波罗 11 号”任务期间，航天员尼尔·阿姆斯特朗和巴兹·奥尔德林将一枚加加林纪念币和弗拉基米尔·科马罗夫纪念挎包留在了月球表面。为纪念加加林首次进入太空的壮举，月球背面的一座环形山也是以他的名字命名的。加加林成为航天时代的象征。小行星 1772 以他的名字命名。2011 年 4 月 7 日，第 65 届联合国大会通过决议，宣布将每年的 4 月 12 日定为载人航天飞行国际日，以纪念 1961 年 4 月 12 日加加林乘坐“东方 1 号”飞船首次飞入太空。

## 从“水星计划”开始

第二次世界大战结束后，美苏争霸，两个超级大国在经济、军事、科技领域开始了全方位的竞争。随着苏联第一颗人造卫星上天，太空领域的争夺就变得愈发激烈，美国的“水星计划”便应运而生，他们打算赶在苏联人前面，将第一名航天员送入太空。为了达成这个目标，当时新成立不久的 NASA 从美国空军手里接过载人航天的大旗，开始了设计和规划。1958 年 10 月 7 日第一个载人航天计划正式通过，并于同年的 12 月 17 日对外公开，这就是“水星计划”。

“水星计划”与水星有关系吗？可以说一点关系都没有。该计划原名为航天员计划（Project Astronaut），但是时任美国总统艾森豪威尔认为这个名字容易产生误解，让人把注意力放在驾驶员身上，于是依据古代神话将其更名为“水星计划”，水星在罗马神话中是速度之神墨丘利（Mercury）的名字，名称取其速度之意，与水星没有丝毫的联系。如此一来既和之前的“木星号”火箭（Jupiter，名字源于古罗马主神朱庇特）、“宇宙神”火箭（Atlas，名字源于古希腊擎天神阿特拉斯）等相互对应，也明确了此后美国航天任务大部分以古代神话传说来命名的传统。起止时间是 1959—1963 年，目的是抢在苏联之前完成载人航天，将人类送入地球轨道，1962 年 2 月 20 日，在卡纳维拉尔角空军基地发射的“水星 - 宇宙神 6 号”实现了这一目标。飞船在地球轨道上绕地球 3 圈，使航天员约翰 · 格伦成为美国人的太空首秀。在 1963

年戈尔登·库勃完成最后一次飞行之后，“水星计划”告一段落。

“水星计划”刚开始时，美国人对于航天员的要求还没有一个规范的标准，谁也拿不出一个确切的衡量标准。NASA 曾张贴广告，希望从公众中找到愿意参加航天飞行计划的志愿者。在“水星计划”的招聘广告中写道：“自愿进入满载火箭燃料、高度易燃的飞船中，自愿前往太空，但不保证回到地球。”然而航天员所需要的素质要求太高，招募效果并不尽如人意。后来，当时的美国总统艾森豪威尔做出决定：航天员必须出身于军队飞行员，而且经受过试飞员的严格培训。此外，他们还必须受过大学或大学以上的教育，身高和体重都必须适中，健康状况尤其重要，他们还必须能够熟练驾驶先进的飞机，最重要的是，这些人要有为美国的航天事业献身的精神。NASA 开始把目光聚焦在现役的军队飞行员中。1959 年 1 月，委员会从 508 名报名的飞行员中筛选出 110 人。受邀的飞行员分别来自海军、海军陆战队和空军。110 名飞行员中的 69 人被通知于 1959 年 2 月到华盛顿参加严格的选拔测试，包括面试、书面测验和体格检查。经过这一轮测试后，其中的 32 人被选中并同意接受在俄亥俄州和新墨西哥州进行进一步测试。这些测试包括全面的医学和心理评估以及强重力加速度、振动和隔离等环境下的空间生存测试。1959 年 4 月 1 日，7 名航天员终于从 32 位候选人中脱颖而出。

1959 年 4 月 9 日，NASA 在华盛顿举行记者招待会上对外宣布了 7 人航天员队伍的名单：斯科

“水星计划”7 人组

特·卡彭特中尉（美国海军）、戈尔登·库珀上尉（美国空军）、约翰·格伦中校（美国海军陆战队）、维吉尔·格里森上尉（美国空军）、瓦尔特·施艾拉少校（美国海军）、阿兰·谢帕德少校（美国海军）、迪克·斯雷顿上尉（美国空军）。

7 人中，大多数“水星计划”的航天员是第二次世界大战或朝鲜战争的老兵，有着丰富的飞行经验并且健康状况极好。被选中以后，航天员们又经过了几年的培训，包括在“水星”飞船系统中的训练以及飞行训练、连续的医疗评估和各种环境下的生存训练。他们刻苦地练习并忍受了和家人长时间分离的痛苦，每个人都想在竞争中努力成为第一个进入太空的美国人。这个计划的航天员班底由始至终都是这“原始 7 人组”，所以每一次飞行任务的命名尾数都是 7，计划的标志也有个“7”隐藏在其中。可惜的是，最终只有6名航天员上天，但贯穿整个计划的“7”字总算给了那位落单的航天员慰藉。除了进行训练和拓展公共关系外，他们还参与了“水星”飞船的建造工作，提出需求和建议。航天员们不顾设计飞船工程师们的反对，坚持要求为飞船配备一扇窗户、重返大气层推进器的手动控制装置和配有爆炸螺旋的逃生舱——他们希望能够主动驾驶飞船并且在紧急情况下逃生。他们是飞行员，仅仅乘坐一艘完全自动化飞船的想法与他们的天性相违。

NASA为“水星计划”订立3个基本目标：①发射载人航天器并在地球轨道运行；②考察太空对人类活动和生理机能的影响；③让航天员和航天器平安返回。“水星计划”历时4年8个月，总共进行了25次飞行试验，其中6次是载人飞行试验。“水星计划”共耗资3.926亿美元，其中飞船为1.353亿美元，占总费用的34.5%；运载火箭为0.829亿美元，占总费用的21.1%。

美国的载人航天计划一切从零开始，除了航天员，运载火箭也是要解决的重要问题，都是在“红石”“宇宙神”等导弹基础上研制的，“水星计划”中NASA选择了改装弹道导弹的方式研制运载火箭，最初选用了3种火箭：“小乔伊”固体火箭、“红石”运载火箭和“宇宙神”运载火箭。前期的火箭开发并不顺利，而且还发生了多次事故。1958年12月29日北美航空工业公司拿到火箭合同，1959年5月交付第一批两枚“小乔伊”火箭；“小乔伊”固体火箭曾进行了8次亚轨道机械测试，2次运送猴子进入太空，进行了若干次逃逸系统测试；1961年春季这种情况似乎有了好转，1月和3月的两次试验都取得了良好的成果。“宇宙神”运载火箭曾进行过4次亚轨道机械测试，进行了2次在轨飞行，有1次将黑猩猩送到太空。将多种导弹改进作为运载火箭，从中获得了丰富的经验，这为后来的大型航天计划创造了必要条件。

飞船方面：1959年1月，麦克唐纳飞行器公司被选为“水星”飞船的主承包商，到2月，飞船的数量确认为12艘。1960年1月，时隔一年，麦克唐纳飞行器公司就交付了第一批定型的“水星”飞船。“水星”飞船总长约2.9m，底部最大直径1.86m，重1.3～1.8t，由圆台形座舱和圆柱形伞舱组成。座舱内只能坐一名航天员，设计最长飞行时间为2天。“水星”飞船的姿态控制系统以自动控制为主，另有两种手动控制方式作为备份。航天员仅在必要时使用手动装置控制飞船的飞行姿态，在飞船操纵方面仅起到辅助作用。飞船飞行时间最长的一次为34h20min，绕地球22周(1963年5月15日—16日“水星-9”飞船飞行)。“水星计划”的6次载人飞行共历时54h25min。

到了1961年，美苏冷战加剧了两国太空领域的竞争。那时，美国的航天员已完成选拔并进行了训练，飞船也已经建造完毕，正在进行一系列测试。为了在太空竞赛中抢先一步，太空任务小组提议提前进行载人航天飞行，但NASA的官员们，尤其是首席火箭科学家沃纳·冯·布劳恩坚持按原计划进行，要求飞船搭载黑猩猩进行太空试验。经过两次这样的试验飞行之后，载人飞行才被确认可以开始。然而正当这

“水星号”载人飞船

些试验还在进行的时候，苏联人捷足先登，首次实现了将航天员送入地球轨道。1961 年 4 月 12 日，苏联航天员加加林实现首次太空飞行，成为世界上第一位到达太空的人。美国人的情绪有些不平衡了，时间显得更加紧迫，NASA 遭到了来自媒体和公众的批评，他们认为美国本来可以先于苏联将一名航天员送上太空。苏联的成功将美国远远甩在了太空竞赛的后面。这时的 NASA 必须要依靠“水星计划”来扳回美国在竞争中的劣势。同时，为降低首次载人航天的飞行风险，为后续载人轨道飞行积累经验，美国人在进行正式的轨道飞行之前，选择了首先进行较简单的亚轨道飞行。

1961 年 5 月 5 日，命名为“自由 7 号”的“水星”飞船在卡纳维拉尔角由改装的“红石”火箭发射升空，飞船上乘坐的是航天员阿兰·谢帕德。他的任务是进入太空，做一次长约 15min 的亚轨道飞行后安全返回地面。倒计时过程耽搁了很多次，导致谢帕德在发射架上停留了好几个小时。最终，在上午 9 时 43 分谢帕德被送上太空。这完全是一次弹道发射，飞船上升的最大高度为 186km。飞船正常分离后，又以弹道状载入大气层并安全回收。这种飞行方式被称为亚轨道飞行。据说在全部 15min22s 的飞行过程中，谢帕德只有 5min 的失重经历。苏联领导人赫鲁晓夫称之为：跳蚤的一跃。飞船着陆在离卡纳维拉尔角

回收谢帕德乘坐的返回舱

488km 的地方，他在那儿被“张伯伦湖号”航空母舰救起。这次飞行的最高速度达到了 8260km/h，重返大气层时经受了高达 11 倍的重力加速度，并且飞行持续了 15min28s。与加加林不同的是，谢帕德能够在飞行中手动操纵飞船。

时隔两个月，美国航天员维吉尔·格里森于 1961 年 7 月 21 日 7 时 20 分搭乘“自由钟 7 号”太空舱升空，在 189km 高度的低轨道飞行，飞行了 15min37s。他乘坐“自由钟 7 号”飞船返回地球，不过溅落在了大西洋上。当“自由钟 7 号“溅落在预定海面时，格里森惊恐地发现太空舱门提前爆开，汹涌的海水开始灌入舱内。在海军潜水员的协助下格里森成功地逃出，但是回收直升机无法把灌满水的太空舱拉上来，只好割断吊缆任由“自由钟 7 号”沉入大海深处。事后，格里森否认是自己在慌乱中过早地拉动了舱栓，从而导致了这次事故。此后，NASA 停止了航天员必须进行的低轨道飞行训练。

“水星计划”虽然在这一回合的载人航天竞争中输给了苏联，晚于苏联 10 个月才实现轨道飞行，但美国人也通过“水星计划”证明了人能够在空间环境中生存和有效地驾驶飞船，也取得了载人飞船设计的初步经验。在整个“水星计划”中，将多种导弹改进作为运载火箭，从中获得了丰富的经验。整个开发过程科学严谨，具有推广的潜力，并且发展了几项新技术，也为后来的大型航天计划创造了必要条件。随着“水星计划”的完美谢幕，“双子座计划”随之启动，美国太空探索活动有了更新、更宏伟的太空目标。

# 冯·布劳恩与“阿波罗”载人登月

1961 年 5 月 5 日，美国航天员谢帕德乘坐“自由 7 号”水星飞船进行了亚轨道飞行，其高度远低于加加林。深感挫败的美国总统肯尼迪宣布了一项宏大的太空计划——在 10 年内将美国人送上月球并安全返回，这就是著名的“阿波罗计划”。

一段时间以来，美国的航天发展分别由美国陆军、海军和空军承担，如果美国想在与苏联人的太空竞争中重新领先，整合国内研究力量是必须要做的事情。时任美国总统艾森豪威尔曾说：“要把太空项目从这些军种里拿出来，对所有导弹和卫星研发计划采用曼哈顿工程的办法集中起来管理。”各个军种自然不愿意交出手中的项目，不仅陆、海、空三军在相互斗争，甚至在得陇望蜀，希望不断扩大自己的权利范围，从五角大楼争得更多的预算经费。

1957 年 10 月 17 日，艾森豪威尔对新任国防部长迈克尔罗伊说：“国防部应该考虑建立一个独立于各军种的‘第四军种’来专门处理太空项目，这种改革应能加强国防部长对各军种的控制权，以消除军种之争。”国防部长随后召开了国防部会议，会上确定设立国防高级研究计划局（ARPA）的方案。虽然各军种在改组会议上强烈反对，但这一新机构还是改组成立了，它负责在各军种之上统一管理太空项目。1958 年 NASA 成立后，陆、海、空三军及 ARPA 的许多项目再次转给了 NASA。至此，美国发展航空航天的领导管理体系一次性理顺完毕，“水星计划”在

NASA 成立一周之内就启动了。1960 年，冯·布劳恩所在的陆军弹道导弹局也并入 NASA，带来的还有大量技术和重型火箭。

苏联人在太空竞争中领先，让美国人产生了危机感，在美国军方召集的一次会议上，冯·布劳恩提议："我们不能跟在苏联人身后走，应该走我们自己的路。我建议立即制订一个载人航天计划，抢在苏联人之前把人送上月球。"1959 年，冯·布劳恩发表了"地平线计划"的可行性研究报告，报告中就提到 1966 年 12 月用火箭将 12 名美军士兵送到月球，以显示美国在科学和军事上都有能力超过苏联。在这样想法的驱动下，NASA 迅速制定了详细的月球探测计划，为了给项目起个合适的名字，他们从希腊神话中找到了灵感。他们认为希腊神话中，宙斯的儿子阿波罗骑马逐日的形象与这个项目非常符合。神话中，阿波罗曾用金箭杀死巨蟒，替母亲报仇雪恨。因此，在 1960 年 7 月，NASA 宣布，这项载人太空飞行计划的名称就称"阿波罗计划"。随着苏联航天员尤里·加加林于 1961 年 4 月 12 日进入地球轨道，这一壮举大大地刺激了美国，更加深了美国人民对在太空竞赛中落后的恐惧。美国总统肯尼迪也转变观念，认为美国应该加紧发展航天项目以重新找回自信,1961 年 6 月，肯尼迪向国会发表演讲，题目是"国家的紧迫需求"，号召支持载人登月计划，"阿波罗计划"很快得到了国会的支持。

肯尼迪的演讲给了"阿波罗计划"更明确的目标，但也给科学家们平添了巨大的压力：肯尼迪发表这段演讲20天前，美国刚刚把航天员艾伦·谢帕德送入太空，而且他还没有进入地球轨道。这种不利局面使一些工作人员对登月计划的看法并不乐观。美国空军中将菲利普被任命为“阿波罗计划”的负责人。冯·布劳恩则是“阿波罗计划”的技术负责人，直接主持“土星5号”运载火箭研制。NASA很快开始登月方案的论证，论证登月轨道，确定载人飞船的布局，并开展了一系列的辅助计划，用以确保载人登月的成功进行。“阿波罗计划”也确定了三步走，分别是“水星计划”——实现把人类送入太空并安全返回；“双子星计划”——实现载人飞船的长时间航行和太空对接；“土星计划”——研制“土星号”运载火箭，实现载人登月。

“双子星计划”也可以说是在“水星计划”的基础上发展而来的，是从“水星计划”到“阿波罗计划”之间的过渡，也是实现人类登月的关键步骤。1965年3月，第一艘载人的双子星飞船——“双子星3号”在卡纳维拉尔角发射。“双子星计划”历时5年，一共完成了10次环绕地球轨道载人飞行，每次2人，相比于俄罗斯“联盟号”的发展顺利得多。作为载人登月的过渡性计划，也取得了许多开创性成就。掌握了在轨航天器回到交会对接的技术；成功试验了飞船再入、着陆的整套方法；实现了航天员太空行走；积累了航天员长时间在太空失重环境下的经验。整个飞行期间，航天员累计了2000h的太空飞行记录，拍摄了1400张地球彩色照片，全面研究了人在太空中长期工作和生活情况。1966年7月18日，“双子星 10 号”飞船载着约翰·杨和迈克尔·科林斯进入轨道，实现与“阿金纳 3 号”的对接，完成了登月计划的关键步骤。接着“双子星 11 号”和“双子星 12 号”飞船又分别实现了两次对接。至此“双子星计划”圆满地完成了预定目标。

在“双子星计划”的基础上，用于登月的“阿波罗号”飞船也在紧锣密鼓地研制和试验，美国于 1966—1968 年进行了 6 次不载人飞行试验，在近地轨道上鉴定飞船的指挥舱、服务舱和登月舱，考验登月舱的动力装置。飞船总重 45t，由指挥舱、服务舱和登月舱三大部分组成。指挥舱为圆锥形，是飞船的主体，是航天员生活和工作的地方。舱内装有各种控制操纵仪器、存有航天员的装备、食物、水和废物处理设备等。服务舱为圆筒形，紧连指挥舱下面，是飞船的机房和仓库。登月舱的形状犹如一个 4 条腿的怪物，是载人登月的专用设备，分下降段和上升段两大部分，各自配备有发动机。起飞时，登月舱装在服务舱下面铝壳内，在进入奔月轨道以后，从壳中出来被对接在整个飞船的最前面。它能够把两名航天员送到

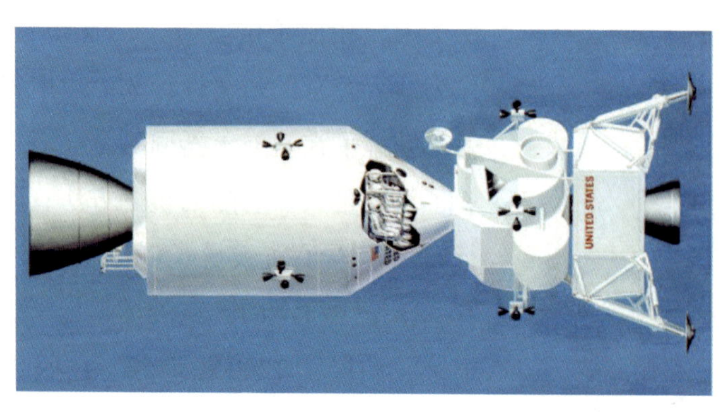


“阿波罗 11 号”飞船的服务舱、指令舱和登月舱

烧毁的“阿波罗1号”指挥舱残骸

月球表面。上升段里有生命保障系统、通信设备和电源设备。在登月过程中，两名航天员在月面完成任务后，上升段发动机使他们飞离月面。在后期“阿波罗15～17号”飞船中还设计了一辆月球车。车上有电视摄像机、无线电收发信机和测量仪器，航天员乘坐它在月面考察。

在经历了艰苦的科学论证和设计后，科学家们最终采用了美国航天工程师约翰·霍特提出的“月球轨道会合方案”。具体登月过程是，将一艘载有3名航天员的飞船发射到月球轨道上，然后2名航天员乘登月舱在月面上降落，进行月面探险。另一名航天员仍留在指挥舱中绕月球轨道飞行，并进行科学实验。返回时，在月面上的2名航天员启动登月舱的上升段发动机，飞上月球轨道，与指挥舱交会对接。2名航天员进入指挥舱后，抛弃登月舱的上升段，脱离月球轨道返回地球。在再入大气层前，抛弃服务舱，仅指挥舱再入着陆。

原计划为第一批“阿波罗”飞船的第一次环绕地球轨道的载人飞行任务，由“土星1B号”运载火箭发射，目的是测试发射全流程以及“土星”火箭和“阿波罗”飞船的表现。1967年1月27日，当天并非计划发射，而是进行模拟发射，测试“阿波罗”太空船能否在不连接任何电线的情况下，单凭其内部供电来维持正常运转。当“阿波罗”飞船CM-012到肯尼迪航天中心时，太空船上被挂上“阿波罗1号”的横幅。意外发生前，航天员已躺卧指挥舱的座椅上，正在按项目清单开展相关检查工作。下午6时31分，对讲机中传来舱内航天员的声音：“驾驶舱内发生火警。”数秒后，通话在痛苦的叫声中结束，从闭路电视中可看到怀特正尝试打开舱盖。不过，该舱盖的设计须要先松开12个门闩才可打开内舱盖，而且内舱盖是向内开启的，这样设计的目的是在太空飞行时利用舱内的气压来进一步封密舱盖空隙。火势迅速蔓延并失去控制。航天员的航天服及连接至舱内维生系统的输气管都被大火烧熔，格里森及怀特的航天服更被烧至熔合一起。在首次呼叫“火警！”后17s，3名航天员均已死亡。

事后的调查报告显示，火灾是飞船内长达50km电线的某处产生的火花所引起的。因为舱内的纯氧环境，以及众多的易燃品，火势又迅速变大。针对各种安全隐患，飞船设计上进行了多处改进：舱门改为向外开启设计，并可在10s内开启；舱内的易燃物料改

NASA 制作的人类登月 50 周年海报

为使用一些会自动熄灭的物料；配管系统及电线均包上保护绝缘材料；修正 1407 处线路问题；尼龙航天服改为使用带有涂层的玻璃纤维航天服……

1969 年 7 月 16 日，40 层楼高的“土星 5 号”运载火箭矗立在美国佛罗里达州的肯尼迪航天中心，火箭顶部是重约 31t 的“阿波罗 11 号”飞船，火箭指挥舱坐着的正是即将登月的 3 位航天员：指令长尼尔·阿姆斯特朗、指挥舱驾驶员迈克尔·科林斯和登月舱驾驶员巴兹·奥尔德林。3 位航天员都出生于 1930 年，都有过驾驶“双子星”飞船的经历，其中阿姆斯特朗是美国空军飞行员，执行了多次航天任务并处置过空中险情；奥尔德林毕业于西点军校，后又获得航空学博士学位，当航天员之前也是一名美军的战斗机飞行员；科林斯出生于军人世家，父亲是陆军少将，他性格活泼，善于合作。

发射活动由冯·布劳恩主持，总统约翰逊，参众两院的议员，各州州长以及外国使节都来到发射场，见证这历史时刻。9 时 32 分，随着冯·布劳恩下达发射指令，“土星 5 号”腾空而起，带着“阿波罗 11 号”冲入太空，飞向月球。飞船按计划，顺利进入地月过渡轨道，飞船在过渡轨道飞行 2 天半后，开始接近月球，服务舱的主发动机再次启动，飞船进入环月轨道。经过 75h50min 的飞行，“阿波罗 11 号”已进入环月轨道，阿姆斯特朗和奥尔德林穿好航天服，驾驶登月舱与母船分离。7 月 20 日，美国东部时间 16 时 11 分 40 秒，登月舱在月球静海降落着陆。阿姆斯特朗顺着舷梯从 5m 高的登月舱下到月球表面，小心翼翼地踩在月球表面松软的土地上，月球从此留下了人类的第一个脚印。阿姆斯特朗激情澎湃，对着直播的摄像机说出：“对于一个人来说，这不过是小小的一步；但对于人类来说，这却是巨大的一跃。”

“阿波罗 11 号”上的 3 名航天员

阿姆斯特朗和奥尔德林在月面共停留了 21h18min，舱外活动时间为 2h24min。他和奥尔德林探索了宁静之海，收集了 22kg 的月球物质，其中包括 50 颗月球岩石，进行了科学试验，并插上了美国国旗。完成预定任务后，2 名航天员乘登月舱上升段离开月球，与“阿波罗 11 号”母船顺利会合对接。7 月 24 日，“阿波罗 11 号”飞船的指挥舱穿越大气层，在太平洋夏威夷西南海面降落，3 名航天员安全回到地球。

从月球返回后不久，阿姆斯特朗宣布自己将不再在太空飞行。他的家人在声明中说："尼尔·阿姆斯特朗不是美国英雄，一直认为自己只是在做自己的工作。""他以海军战斗机飞行员、试飞员和航天员的身份自豪地为国家服务。"从月球回来和随后的环球旅行之后，阿姆斯特朗在 NASA 总部担任航空部门的副局长，管理该机构的整体航空研究和技术工作。一年后，他于 1971 年从 NASA 辞职，并在辛辛那提大学担任航空工程教授，这一职位一直持续到 20 世纪末。

到 1972 年 12 月，先后有 6 艘"阿波罗"飞船将 12 人送上了月球。历时 10 余载，耗资 255 亿美元，动员了 2 万家企业、200 多所大学和 80 多个科研机构，参与人数超过 30 万人的"阿波罗计划"圆满结束。登月成为太空竞赛的最高潮，在失去了航天史的若干个"第一"之后，美国终于走在了苏联的前面。伴随着美苏太空竞赛的胜利和 9 次登月的顺利完成，"阿波罗计划"的财力和公众支持都将耗尽，不过却带动了美国科技的发展与工业的繁荣，液体火箭、微波雷达、无线电、合成材料、计算机等一大批高科技成果得到转化应用。1972 年，在达到预期目的后，美国终止了"阿波罗计划"，转而开发可重复使用的太空飞行器——航天飞机。在最后一艘"阿波罗"飞船登月的 5 年后，冯·布劳恩也走到了他生命的尽头，1977 年他死于癌症。就在去世前不久，他获得了美国科技的最高奖——美国国家科学奖。

# 科罗廖夫与早期“联盟号”飞船

俄罗斯“联盟”系列载人飞船始于20世纪60年代，截至目前发展了四代、多个型号，“联盟MS”系列载人飞船继承了“联盟TMA-M”飞船的设计，是俄罗斯“联盟”系列载人飞船的最新型号。俄罗斯联邦航天局（Roscosmos）局长德米特里·罗戈津谈到“联盟号”飞船时说道：“‘联盟号’飞船是我们的‘太空·卡拉什尼科夫步枪’，即使有大量的新武器可供使用，它仍然有很高的需求量。同时，就像卡拉什尼科夫一样，我们的‘联盟号’也在不断地进行现代化改造，仍然是一种最先进的飞船。”

1956年，当首颗人造卫星发射尚在筹备中时，苏

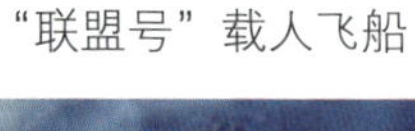
“联盟号”载人飞船

联科学院召开的一次全联盟高层科研会议中，苏联航天工程的领军人物，第一试验设计局主任科罗廖夫就公开提出了关于载人登月的想法，在后来的工作中又将这一想法逐步细化，并将这一浩大的登月计划分成了3个部分：载人飞船、通信卫星和探月飞船。随着苏联第一颗人造卫星的成功发射，科罗廖夫趁热打铁向苏联高层建议发展载人登月，详细阐述了自己关于登月项目的详细计划。为了获得军方的支持，在科罗廖夫的建议草案中，包括了军用改进型设计，可实现太空侦察和卫星拦截。1958年的6月，苏联高层正式批准了登月项目立项。

“联盟号”飞船最初起源于苏联20世纪50年代末的载人航天飞行计划。60年代初苏联的设计人员大多认为飞船设计成带机翼的飞机样式将导致质量太大，并需要较厚的隔热层，研制所需的费用也高得惊人，由于结构复杂，研制周期也会较长，故而苏联人采用了弹道再入方式。飞船的设计工作开始于科罗廖夫的第一试验设计局第9部门，该部门在“东方号”的基础上，提出了飞船改进方案，根据方案，该飞船将具有交会和对接特性，以执行载人绕月以及对地球轨道上的空间站的支持能力。经过各设计部门的论证和研讨，1962年3月10日，科罗廖夫正式签署文件，通过了“人造地球卫星轨道上的空间飞行器对接成组合体”的科学技术计划说明书，整个计划被命名为“联盟”。计划中，提出了3个基本目标：创造一个“军用任务的有人轨道站”；制造出一艘具有绕月能力的飞船；建造一个全球通信的卫星系统。

项目开始后，围绕“联盟号”飞船开展了各种研究，引出各种改进型，但唯一不变的，就是“联盟号”飞船的三舱结构。三舱依次为推进舱、返回舱和轨道舱。推进舱呈圆柱形结构，分为中间段、仪器段和装配段 3 部分。推进舱质量一般为 2560kg，全长 2.3m，直径 2.2m，与 R-7 火箭的上面级相连。

返回舱是“联盟号”中唯一可被回收的部分，在推进舱的上部。在发射、变轨、对接、撤离、再入返回和着陆时航天员在返回舱内。返回舱质量 2800kg，长 2.2m，底部最大直径 2.2m。因为返回时要承受高温，返回舱外壁有一层烧蚀防热层，还有一个底部防热层。返回舱有两个主要部分：工作区，包括航天员座椅、控制和显示设备；仪器区，包括生命保障系统、姿态控制系统和着陆返回系统。飞船可以搭载 3 名航天员，中间位置是第一成员，是指令长，左边位置为第二成员，是飞行工程师，右边位置为第三成员，通常为研究人员或商业乘客。

轨道舱是最上面的舱段，是在轨工作期间的居住舱。轨道舱质量 1200kg，最大直径 2.25m。前端安置对接机构或内部转移舱门和通道，或放置科学仪器，后部有通道，可通过舱门进入返回舱，还包括一个侧舱门，用于航天员从发射台进出并用于在舱外活动期间进行增压或泄压。与推进舱一样，轨道舱在再入返回前分离，在大气层内烧毁。

1965 年 3 月至 1966 年 11 月，美国通过“双子星计划”，先后将 10 名航天员送入了太空，并完成了航天飞船的交会、对接和舱外活动，不仅如此，第一艘载人“阿波罗号”飞船于1967年初成功发射，显然苏联在月球竞赛中已经落后。苏联的载人飞船却因几次事故而不得不一再推迟。1966年11月25日，1号飞船在当地时间16点从31号发射台发射。点火命令数秒后，R-7火箭主发动机意外停车了，几千加仑的水浇透了发射台以灭火，突然的一声巨响，“联盟号”飞船的逃逸塔点火了，逃逸火箭引燃了R-7火箭的第三级，导致了爆炸。发射台瞬间被火海吞没，尽管大部分人已在爆炸之前安全逃离，还是有一名少校因没能躲到掩体后面牺牲。

因为这次事故，导致31号发射台严重损坏，至少6个月不能使用。经过5年多的设计研究之后，“联盟号”飞船的第一阶段轨道飞行试验在1966—1970年完成。运载火箭、飞船和航天员在拜科努尔发射基地进行合练，在经历了一系列的挫折和失败后，“联盟号”还是迎来了载人飞行阶段。在苏联的航天计划中，主动航天器按偶数编号，而被动航天器通常以奇数编号。“联盟号”首次载人飞行的乘员组组建于1965年9月，飞行任务包括“联盟1号”飞船载1人发射，第二天发射载3人的“联盟2号”飞船，它将与“联盟1号”飞船在轨道上交会并对接。“联盟2号”中的2名航天员将进行舱外活动，转移到“联盟1号”飞船并随之返回地面。1967年4月初，航天员启程奔赴拜科努尔，飞船计划4月底进行发射。此时科罗廖夫对首次载人航天还是产生了些许担忧：“我个人并不完全信服整个飞行程序将获得成功，但没有足够理由反对这次飞行。以前所有的飞行中我们

“联盟 1 号”航天员科马罗夫

都对成功克服困难信心十足，但现在我们没有这种信心。”关于飞船的对接，科罗廖夫一直坚持自动对接的方式，有关争论一直持续到临近发射前最后几天。设计师倾向于全自动方式，而航天员们非常自然地反对这种方法而倾向于手控对接。最终“联盟 1 号”的航天员采用半自动方式对接，用自动系统靠近到 50 ～ 70m 距离，然后以手动方式对接两艘飞船。

1967 年 4 月 23 日莫斯科时间凌晨 3 时 35 分，“联盟 1 号”飞船发射。飞船刚一入轨，地面跟踪站就从数据分析得知飞船左侧太阳电池阵没有展开，这也使得备份遥测天线无法展开。科马罗夫进入轨道舱，报告了左侧太阳电池阵的故障。他尝试利用姿态控制推进器以手控方式转动飞船，调整飞船方向，没有成功。按现有的电池电量，将在第一个飞行日结束时耗尽。在经过一系列努力后，太阳电池板故障始终无法修复，莫斯科的官员们决定取消“联盟 2 号”飞船的发射，并试图让“联盟 1 号”飞船在飞行至第 17 ～ 19 圈时直接着陆。科马罗夫在处置了各种难题，修正飞船方向赫尔位置，完成了制动火箭点火，飞船在第19圈进入稠密的大气层飞向地面。大约在制动火箭点火后5min，“联盟1号”飞船进入了电离层，所有的通信信号中断了几分钟。据说，出了通信盲区后，科马罗夫的声音听起来“平静，不慌不忙，没有任何紧张不安”。弹道数据记录显示，“联盟1号”飞船将于莫斯科时间06时24分左右在奥尔斯克以东65km处着陆。

当搜救直升机接近着陆点并发现地面上的降落伞时，清晨明亮的阳光正照耀着着陆区。飞行员看到的

处在发射台上的“联盟1号”

是返回舱好像有东西在燃烧，这让飞行员很担心。直升机在离返回舱 100m 处降落后，他们发现返回舱笼罩在黑色的浓烟中，舱内还有明显的火焰，而返回舱底部已经被烧穿了。回收队试图用泡沫灭火器甚至地上的泥土扑灭火焰，但融化的金属从残骸上滴下来，很显然，航天员科马罗夫已经牺牲了。据相关回忆录记载："在挖掘了 1h 后，我们在飞船残骸里发现了科马罗夫的遗体，一开始要分辨出哪里是头，哪里是胳膊和腿都很困难。在返回舱撞击地面的一瞬间，大火把他的身体烧成焦黑的 30cm × 80cm 的一小团。"

据事后的事故调查，飞船的主伞没有打开，伞绳缠在一起，备份伞也没有充气。"联盟 1 号"的返回舱以近 50m/s 的速度撞在地上，撞击之后制动发动机发生爆炸，随后起了火。4 月 25 日，"联盟 2 号"飞船的乘员组护送科马罗夫的遗体回到了莫斯科，按最高的军队荣誉，科马罗夫安葬在克林姆林红场墓园，"联盟 1 号"的失利也导致了载人飞行的无限期推迟。

早年在古拉格的监狱生活，加上出狱后持续快节奏高强度的工作，终于压垮了科罗廖夫的身体。1966 年 1 月 5 日，在完成了月球 8 号探测器发射工作后，科罗廖夫病倒了，医生诊断出其大肠有癌变症状并立即进行手术，但在手术进行时科罗廖夫就病逝了（有资料显示是因为医生处理不周所致）。科罗廖夫死后，以国礼被郑重安葬在莫斯科的克林姆林红场墓园，与伏龙芝、斯大林等苏共早期领导人，以及几百名苏军无名烈士并列，算是身后能寄予他的最大哀荣。苏联航天从此失去了一位灵魂人物。

## “联盟号”的演变

针对“联盟 1 号”的故障，后期进行了彻底的改进，伞舱由圆柱形改为了锥形，内部抛光以确保伞弹出，用 2 个主伞代替原来的备份伞，建立引导伞抛弃系统等，至“联盟 1 号”事故后，“联盟号”飞行任务中再没有出现过一起降落伞事故。又经历了一系列的无人对接试验，国家委员会决定在 1968 年，进行 1 艘无人和 1 艘载人“联盟号”飞船（0+1 模式）进行对接飞行。如果这些任务成功，则将在 1968 年 11 月进行（1+3 模式）的对接与舱外转移，2 人出舱。

1968 年 10 月 25 日，“联盟 1 号”事故后的第 18 个月，“联盟 2 号”飞船（被动飞船）从 31 号发射台发射。第二天“联盟 3 号”飞船升空。“联盟 3 号”飞船入轨后距无人的“联盟 2 号”飞船仅 11km，自动交会系统锁定了无人目标飞船并将“联盟 3 号”飞船引导到距“联盟 2 号”不到 200m 的地方。航天员别列戈沃伊以手控方式操作飞船。“联盟 3 号”偏离了期望的飞行轨道而且消耗了过多的燃料，所剩的燃料已经无法支持第三次对接任务了。虽然没能完成对接，但这次飞行终于使“联盟号”通过了从发射到着陆的载人考验，而且从军事上来说，也一定程度上实现了在太空中接近并摧毁敌方卫星，这样一种崭新作战方式。“联盟 2 号”于 10 月 28 日在其第 48 圈飞行时返回地球，顺利着陆。航天员乘坐的“联盟 3 号”在天上多待了 2 天，飞行了 81 圈后安全着陆。

接下来的“联盟 4 号”计划于 1969 年 1 月 13 日

发射，在预定发射前9min，通信上的困难和运载火箭陀螺仪故障使得发射推迟。已经进舱的航天员不得不出舱，等待重新入舱。第二天，“联盟4号”飞船从31号发射台发射升空。发射险些再被推迟，因为发现发射台的一个系统有故障，而这个故障只有在R-7火箭水平状态才能排除。此时一个年轻的工程师自告奋勇，在严寒中脱下几乎所有衣服，通过一个狭小的舱口钻进R-7火箭进行抢修，终于在发射前30min，把故障排除。次日早晨，载有3名航天员的“联盟5号”飞船也顺利进入太空。飞船在9min后进入轨道，在经过漫长的轨道修正后，两艘飞船逐渐接近，准备对接。在双方相距100m时，两艘飞船上的航天员同时切换到手动对接模式，在经过一系列操作后，两艘飞船实现了平稳对接。地面上，控制人员通过实况电视跟踪了对接的全过程。

完成对接后，航天员叶利谢耶夫和赫鲁诺夫将进行舱外活动，为了这次舱外活动他们接受了3年训练。2位航天员从返回舱移动到轨道舱，从这里步入太空，另一名航天员帮他们穿上了舱外航天服，而后撤回返回舱，并将内舱门关紧。叶利谢耶夫和赫鲁诺夫通过轨道舱的侧舱门进入了太空，赫鲁诺夫打开舱门：“舱门打开了，一束光射进来，我看见了地球，看到了地平线和漆黑的天空，那时我的心情就像在起跑线上的运动员一样紧张。我毫不费力地从飞船里出来，四处张望。我被两艘连在一起的飞船悬浮在地球上空的奇妙壮观景象所震惊。我能看到两艘飞船表面的每一个微小细节。”赫鲁诺夫和叶利谢耶夫一步一步从“联盟 5 号”飞船走到“联盟 4 号”飞船的轨道舱。进入“联盟 4 号”轨道舱后，他们开始对轨道舱加压，“联盟 4 号”的航天员过来帮他们脱下舱外航天服。

两艘飞船连接了 4h33min49s，当两艘飞船轨道舱之间的连接部件分开后，两艘飞船漂移开来。次日早晨，“联盟 4 号”飞船安全地再入，在 –30℃的严寒中，飞船平静地在卡拉干达东北 40km 处着陆，偏离预定着陆点 40km。“联盟 5 号”的再入却比“联盟 4 号”艰苦得多。“联盟 5 号”航天员沃雷诺夫向地面控制人员报告说，首次手动再入尝试失败，当地面控制人员打算告诉他下一圈轨道飞行时切换到自动着陆程序，但当沃雷诺夫的回答传来时，再入却已经开始了，飞船沿着一条弹道轨道飞行，船身剧烈翻滚。当飞船进入黑障区时，地面控制人员以为又一位航天员要牺牲了。

再入时，飞船的推进舱没有完全从返回舱上分离，这使得“联盟 5 号”再入时后部朝前，而不是正常的防热底朝前。飞船的烧蚀防热底厚度达 15cm 以上，通常要承受 5000℃的高温，烧蚀掉 8cm，而此时朝前的非烧蚀区只覆盖了 2.5cm 的防热层。而且返回舱内的沃雷诺夫并没有穿航天服，他已经能闻到一股橡胶燃烧的味道了，因为高温正在熔化前面舱门的密封垫。沃雷诺夫没有抓紧这最后的时刻与家人道别，而是将航天日志上记有交会和对接的所有细节的部分撕下来，卷成纸卷，塞到自己座位下，希望这些记录能幸存下来，以便为后续的事故分析提供线索。危急时刻，沃雷诺夫始终镇定自若。

恰在此时，推进舱与返回舱之间的连接终于被空气摩擦掉了，推进舱被抛开了，返回舱得以调转方向，让防热底朝前，沃雷诺夫有了生还的希望。但当降落伞启动时，他意识到降落伞已经开始纠缠，自己有可能面临科马罗夫的命运，幸好降落伞自己解开了，伞盖张开，软着陆火箭也开始工作，但着陆的冲击力已然过大，将他从座椅上弹到返回舱另一侧，他的前牙被磕碎，血流到嘴里。着陆后，沃雷诺夫甚至听到了地上的雪遇到滚烫飞船外表发出的嘶嘶声。着陆点偏离了原地点600km，搜救人员无法很快赶到。外面的温度是–36℃，舱内的沃雷诺夫已经感到刺骨的寒冷。他自己打开了前舱门，走出返回舱，发现远处有一缕青烟，朝着烟的位置走过去后，他发现了一户人家，主人欢迎了他并为他取暖，直至搜救队到来。当搜救队找到飞船，发现里面空无一人，不过看到舱门已打开，他们顺着雪地上的血迹和脚印，找到了炉火边的沃雷诺夫。虽然沃雷诺夫再入时差点又酿悲剧，但“联盟4号”和“联盟5号”飞行任务还是非常成功的，也为后续的太空任务铺平了道路。

经过多年的发展，“联盟号”飞船逐渐发展成熟，也证实了科罗廖夫的三舱段设计理念的正确性。在1966—1970年，一共17艘“联盟号”飞船执行了各种飞行任务，这些飞船是载人联盟计划的先驱。1978年，作为载人空间站项目的一部分，苏联提出了新的无人驾驶的“联盟号”飞船——“进步号”计划。在保持“联盟号”外观的基础上，进行了系统和部件的

对接在国际空间站上的“联盟号”飞船

升级，用来支持空间站补给等无人飞行后勤保障。很长一段时间，“进步号”飞船都扮演了重要角色，几十年来不停地为国际空间站运送货物、气体、液体，并协助抛弃不需要的设备和垃圾，为载人航天做出了巨大贡献。

1979 年 12 月，为了服务“礼炮号”空间站，苏联又在“联盟号”基础上发展起来下一代载人运输飞船，被称为“联盟 T 号”的运输飞船。在前面基础上又进行了多处改进，增加了太阳能电池阵，使飞船可以进行更长时间的独立飞行，可承载 3 名乘员。在苏联发射了“和平号”空间站后，“联盟 T”系列飞船也进行了相应改进，被称为联盟 TM（运输、改进）。

“联盟TM号”飞船的研制始于1980年，1986年5月，“联盟TM”系列飞船开始首次执行任务，直至2020年11月，“联盟TM”系列飞船为“和平号”空间站提供了可靠的载人运输飞船，支持了最初的国际空间站的运转，累计飞行5500多天。后续，为了适应新任务，2020年10月，新型的“联盟号”飞船又载着乘员组开始了轨道飞行，这种新型“联盟号”可以运送更多航天员，增设了更多设备，被命名为“联盟TMA”（运输、改进、人体对座舱设备的适应），“联盟TMA”系列飞船全长6.98m，最大直径仍为2.72m，太阳电池阵展开长度10.7m，提供的平均功率0.6kW，携带推进剂900kg，能支持3人乘员组飞行14天，留轨时间增加到180天，增大了乘员座椅。

“联盟号”飞船有过惨痛的事故，也有辉煌的成就，从1996年至今，所有“联盟号”系列飞船在太空飞行累计超过了23年，搭乘过“联盟号”的人员超过了140人。“联盟号”系列飞船即可以用于运送人员往返于空间站，也可作为长期在轨航天员的返回工具。1973年9月至今，“联盟号”系列飞船已安全飞行了40年，成为当今世界上仍在使用的、最可靠的载人飞船。从“联盟号”到“联盟T”，再到“联盟TM”，最后到“联盟TMA”，“联盟号”系列飞船每一次改进都提高了飞船的可靠性和适应性。这艘非凡的飞船还将继续在今后人类太空探索活动中发挥更大的作用。

# Space X 的“龙”飞船

2011 年，美国“亚特兰蒂斯号”航天飞机正式退役，美国的航天飞机时代也随之终结。在“哥伦比亚号”失事之后，时任美国总统小布什认为，美国的航天飞机系统过于复杂，危险系数过高，因此停止了美国的航天飞机计划，逐渐将当时美国拥有的 3 架航天飞机送到了博物馆。美国向国际空间站运送人员和货物只有依靠俄罗斯的“联盟号”飞船，而且代价昂贵，近年来美国已经向俄罗斯支付 39 亿“船票”，每个升空的座位都将花费掉 NASA 的近 9000 万美元预算。也就是说，俄罗斯垄断了通往太空的运输。为改变这样的尴尬局面，NASA 不得不着手新的载人航天计划。不过，同冷战时期的计划不同，NASA 转而采取了商业合作的方式。

NASA 在 2010 年就启动了“商业乘员开发”（CCDev）计划，资助数家公司开发载人飞船。Space X 和波音最终走到了最后，NASA 迫切希望通过 Space X 和波音公司的竞争式研发来摆脱无飞船可用的尴尬，重建美国自主的载人航天体系。对 NASA 来说，这种变化也意味着自身角色的转变，NASA 将从一个研发组织变为服务购买者。将从波音或 Space X 手中购买航天器座位和货运空间。波音公司是美国老牌的航空航天器生产商，拥有从商业飞机到国防产品全产业链的巨头，更是五角大楼、NASA 合作了数十年的老伙伴，拥有全世界最好的工程师和研发队伍，在“阿波罗计划”、美国的航天飞机计划中，波音都扮演过重要角色，堪称是当今美国制造业的代表。对于初创不久的 Space X 来说，能够并肩波音公司被 NASA 选中，作为新一代载人航天的潜在合作伙伴，也是很光荣的事。在签订的合同中明确指出，NASA 将委托两家公司开发和测试新的宇宙飞船。其中，Space X 的合同总价为 26 亿美元，合同内容包括飞船和运载火箭的研制，以及 6 次正式国际空间站人员运输任务。这些任务同 Space X 自身的计划相近，Space X 希望通过研发巨型火箭和载人飞船，替代“令人头疼”的俄罗斯“联盟号”。而 NASA 官方为了增加竞争的趣味性和象征意义，还宣布第一个将航天员送上国际空间站的公司将会得到一份大礼——一面特殊的美国国旗。这面著名的旗子曾在 1981 年的首次航天飞机飞行任务中登上了太空。在近 30 年的航天飞机服役期间，空间站的建设任务也逐渐完成。2011 年，最后一次航天飞机任务中，这面旗子被重新带上了空间站，贴在了空间站的门口，旗子上写着：只有从美国本土出发登上空间站的航天员才能把旗子取下，从那时起，这面装在塑料袋中的美国国旗在空间站停留了 9 年时间，期间甚至还失踪了一段时间，后来才在空间站里被找到。可以说这是一面见证了美国载人航天几十年发展的珍贵文物。

这场夺旗之战最终以 Space X 的胜利告终。波音公司的座位费大概为 9000 万美元，同俄罗斯相近，Space X 的座位费为 5500 万美元。不仅如此，相较于其主要竞争对手美国联合发射联盟 ULA（波音和洛克希德·马丁的合资公司），Space X 的发射成本具

载人版「龙」飞船

有绝对优势，每次发射费用 ULA 标价 2 亿美元以上，而 Space X 只收取 6000 万美元。便宜，或许就是为什么 NASA 愿意成就 Space X 的原因。如今 NASA 用在 Space X 的投资上已经超过了 50 亿美元。

“龙”飞船是 NASA 在“商业乘员计划”下支持发展的 2 型载人飞船之一。“龙”飞船设计最多可搭乘 7 名航天员，独立飞行时可工作 1 周，对接状态下可工作 210 天。飞船具有可重复使用、乘员运输能力强、内部空间大、操作友好等特点。飞船采用两舱段设计方案，包括乘员舱和非密封舱两部分：乘员舱用于运送乘员和加压货物；非密封舱可携带非加压货物，同时在外表面安装了太阳能电池和热辐射器，用于发电和热控制，4 个尾翼在紧急分离情况下可提供气动稳定性。

在 2015 年和 2016 年，Space X 连续遭遇了两次重大挫折，其中 2016 年 9 月，一枚“猎鹰 -9 号”火箭在发射台上添加燃料的过程中发生爆炸，这不免让人想起历史上，苏联“联盟号”飞船曾发生过类似的事故。如果火箭上有航天员，怎么办？按照飞船设计，火箭添加燃料是在航天员入舱后。为了解决这个问题，Space X 不得不仔细调查事故原因，对飞船进行重新设计。事故发生两年半后的 2019 年 3 月 2 日，Space X 的“猎鹰 -9 号”火箭搭载“龙”飞船从肯尼迪航天中心升空，载有名为 Ripley 的测试假人前往国际空间站。顺利的是，“龙”飞船成功与国际空间站对接，并在大约一周后重返地表。可仅仅一个多月，一艘“龙”飞船在卡纳维拉尔角空军基地进行静态试点火的过程中再次发生爆炸，太空舱几乎完全被毁。这一事故再次给 Space X 的载人航天计划蒙上阴影。NASA 和 Space X 组成了联合调查组，共同调查事故原因。在此基础上，“龙”飞船也进行了多项改进和升级，提升飞船的可靠性，降低风险。2020 年 1 月，Space X 完成了“龙”飞船的飞行中止测试——这意味着其载人飞行任务前的最后测试工作完成。

2020 年 5 月 31 日凌晨，Space X 在美国佛罗里达州卡纳维拉尔角的肯尼迪航天中心的 39A 发射台，成功发射了载人“龙”飞船，两名航天员是道格·赫利和鲍勃·贝肯。发射定于美国东部时间下午 16：33 进行，一旦载人“龙”飞船脱离火箭，航天器将执行一系列分阶段机动，以逐步接近国际空间站并自动与

载人“龙”飞船在国际空间站的“和谐”舱段停靠

国际空间站对接。分阶段推进点火会把载人“龙”飞船的高度提高到国际空间站的高度，而国际空间站绕地球运行的平均高度约为400km。载人“龙”飞船计划在19h后到达国际空间站。它将与“和谐”舱段上的压力配合适配器PMA-2的对接端口对齐。然后，航天器将非常缓慢地朝站方向移动，并使用完全自主的对接系统对接。如果需要，机上的航天员还可以切换至航天器的手动控制。

在之后的2个月中，Space X载人“龙”飞船完成了基本的空间站对接任务，航天员也在这期间进行了多达4次的太空行走任务。在空间站停留了63天之后，“龙”飞船载着两名航天员于8月1日与国际空间站脱离，开始重返地球。大约飞行19h后，“龙”飞船开始执行脱轨程序，进行约11min的点火减速，重新进入地球大气层。马斯克自己也说过，重返大气层是他“最大的担忧”。飞船的重入过程将遭遇高速、高温的考验以及危险的着陆考验。“龙”飞船将以2.8万km/h的速度冲进大气层，这是声速的20多倍。在进入大气层之后，飞船需要借助与空气的摩擦力，在短短几分钟内将速度降至每秒数百米。摩擦也将带来高温，极端的情况下，周围空气的温度将接近2000℃。Space X采用了最新型的PICA-X材料作为隔热罩，在数千摄氏度的高温中保障舱内的环境安全，当它靠近地球时，航天器将抛弃其服务模块，即“运输工具”，然后进行降轨点火，使其坠落到地球大气中。服务模块是圆柱形的带翅片的模块，其中包含航天器的内置太阳能电池板和往返于空间站的飞行所需的其他设备。再入期间，飞船将其服务模块抛弃，以清理飞船的隔热罩，并为飞船的降落做好准备。在此前的无人测试飞行里，经历了再入大气层的飞船，外观看起来像是烧焦了一般。因为飞船表面会形成高温等离子区，会反射、削弱地面与飞船通信的无线电波，当无线电信号衰减至中断的时候，飞船和地面将在数分钟时间里完全失去联系，无从进行遥控和导航，这也被称为黑障现象。处在黑障区内的飞船也将迎来返回阶段最危险的时刻。

最后的着陆阶段也面临着不可预测的安全风险。在接近地面时，飞船将同时展开 4 个降落伞，最终溅落在海面上。宇航员的性命也被紧密地系在降落伞上。如果降落伞打开异常，飞船最终也可能以过高的速度“砸”在海面上，这和直接砸在地面上相差无几。在“龙”飞船的降落伞环节，Space X 进行了有意的冗余设计，共 4 个降落伞，只要其中 3 个同时展开即能保证最终降落的安全性。与此同时，Space X 在飞行前已经对降落伞进行了数十次测试，保证飞船最终的安全降落。飞船安全溅落在海面的一刻，意味着 Space X 首次载人飞行任务顺利结束，同时也意味着 Space X 最终在与波音公司的商业载人飞船竞赛中取得了最终的胜利。

本次执行“龙”飞船载人飞行任务的道格 · 赫尔利恰好是最后一次航天飞机任务的航天员，2011 年，他所在的机组乘坐“亚特兰蒂斯号”进入太空，执行航天飞机退役前的最后一次任务，并亲手将这面旗子留在了国际空间站。时隔 9 年，在开启了全新的商业

穿着 Space X 太空服的航天员道格·赫尔利（左）和鲍勃·贝肯（右）

载人航天时代之后，道格·赫尔利也亲手摘下了这面自己当年挂上去的旗子。赫尔利说："我们非常自豪，能够把它带回家。"

虽然现在这面旗子已经归 Space X 所有，但道格·赫尔利和鲍勃·贝肯也都在这次载人飞行任务中写下了自己的历史，两人亲自将这艘载人"龙"飞船命名为"奋进号"（Endeavor），与美国第五架服役的航天飞机同名。他们表示，这是为了纪念 2011 年后美国重返太空的努力，也是为了纪念他们曾经的航天经历——两人第一次去往太空乘坐的都是"奋进号"航天飞机。对这面具有历史意义的旗子，Space X 也已经等候多时。早在 9 年前，Space X 就已经宣布开始夺旗。而在此次载人任务发射成功后，马斯克还重新转发了这条内容。9 年之后，Space X 终于如愿获得了这面旗子，不过按照目前的计划，旗子只会被 Space X 保存一段时间，美国已经在为接下来的登月任务做准备，届时，这面旗子还将在“阿耳忒弥斯登月计划”中继续前往月球。美国宇航局 9 年来首次从美国本土出发的航空载人飞行任务，首次与私营企业合作的飞行，也是美国 45 年来 ( 自 1975 年 ) 首次挑战海上着陆并圆满完成。

# 5

# 往返天地的运输兵——航天飞机

航天飞机（space shuttle），又译为太空穿梭机或太空飞行器，是一种可重复使用的、往返于近地轨道和地面之间的有人驾驶航天器。航天飞机既可以像火箭那样把人造卫星等航天器送入太空，也可以像载人飞船那样在轨道上运行，还可以像飞机那样在大气层中飞翔并着陆。与弹道式运载火箭相比，航天飞机具有可重复使用、便于维修、发射程序相对简单、可灵活执行多种任务、可使卫星设计简化、减少卫星研制费用、未经严格训练的普通人也可参加空间活动等诸多优点。鉴于以上优点，航天飞机可以广泛用于部署、检修和回收卫星、太空营救、空间运输、空间实验和生产以及空间探测等诸多领域。航天飞机是人类航天史上的一个重要里程碑，为人类在太空中自由穿梭提供了更多可能。

航天飞机通常由轨道飞行器、外挂燃料箱和固体火箭助推器三部分组成。

轨道飞行器简称轨道器，是航天飞机的最主要部分，也就是航天飞机本身，是三部分中最核心的部分。其前段为航天员座舱，分为3层，包括控制室、卧室、厨房、浴室、健身房以及各种管道和水泵等。中段为货舱，用来放置人造卫星、探测器和各种大型试验设备，上部可张开，装有遥控机械臂，可用于

美国“发现号”航天飞机

释放或回收航天器。后段是垂直尾翼、3 台主发动机和两台轨道机动发动机以及反作用控制系统。主发动机在为航天飞机提供飞行的主要动力，主发动机熄火后由轨道机动发动机提供动力，使航天飞机可以实现变轨机动、进入轨道、对接机动飞行和返航时脱离轨道。而反作用控制系统主要用来保持航天飞机的飞行稳定和姿态变换。机翼位于中段和后段外两侧。轨道器的头部和机翼前缘，贴有防热瓦，用来保护其返航时不会被高温烧毁。此外，轨道器的头锥部和尾部内还装有用于小幅度调整轨道的小发动机。

外挂燃料箱简称外贮箱，用来装载助推剂，与轨道器相连。外贮箱分为液氢箱和液氧箱两部分，液氧箱在前部，约占外贮箱整个体积的 1/4，液氢箱在后部，二者之间有一小段隔离舱。轨道器的主发动机工作时将使用外贮箱中的助推剂。外贮箱是组成航天飞机的三部分中唯一无法重复使用的部分，待燃料耗尽外挂燃料箱将脱落坠入大洋，这种将助推剂储存在航天飞机外部的设计减小了航天飞机本身的体积和重量。

固体火箭助推器共有两台，分别连接在外贮箱两侧，承担航天飞机起飞时 80% 的推力。推进剂为高氯酸铝粉、铝粉、氧化铁粉和黏合剂的混合物。助推器的前后还装有 4 个分离火箭、分离回收电子装置、靶场指令安全炸毁系统、推力终止和故障监测分系统以及推力向量控制分系统。值得一提的是，苏联研制的“暴风雪号”航天飞机并没有这一部分，这种航天飞机采用重型运载火箭运载的方式进行发射，从“暴风雪号”的发射方式来看，苏联人并没有搞清楚美国人研制航天飞机的原因和真正目的。

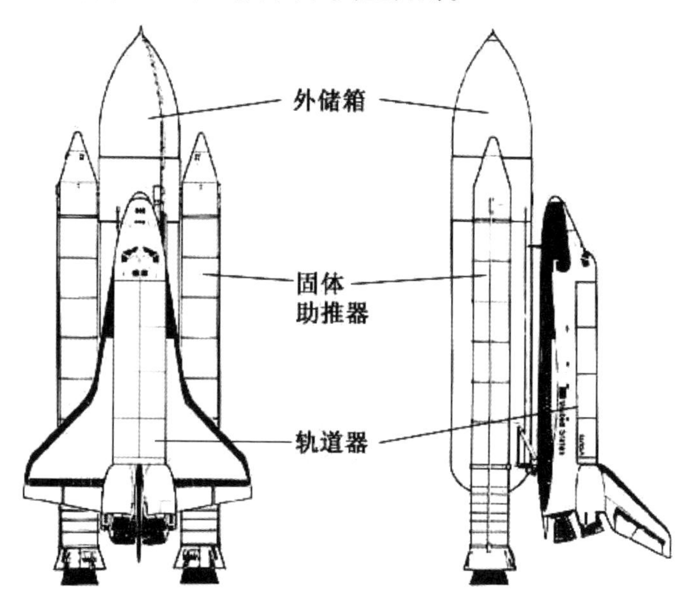


航天飞机结构

航天飞机的飞行大体上可以分为上升、轨道飞行和返航 3 个阶段。航天飞机起飞时两个固体火箭助推器和 3 台液体火箭同时点火，航天飞机垂直上升。起飞大约 120s 后将达到 40km 高度，助推器燃料耗尽与航天飞机分离，主发动机继续工作使航天飞机保持上升状态。起飞大约 500s 后将到达 100km 以上高度，速度可达 7.8km/s，外挂燃料箱燃料耗尽，与轨道器分离。此后轨道器将以 28800km/h 的速度飞行，并以自身轨道机动动力系统的 44 个小型发动机调整进入预定轨道。在返航阶段，轨道机动动力系统再次启动，使轨道器脱离轨道，进入椭圆形轨道，航天员做好各项准备，调整轨道器姿势，使机尾向前，轨道发动机逆向喷射，使轨道器急剧减速，之后再次调整轨道器姿势，机头向前冲入大气层，进入大气层后轨道器速度逐渐降低，最后像滑翔机一样滑翔着陆。

最早的航天飞机由美国设计制造，1972 年 1 月，航天飞机的设计方案确定，即确定了航天飞机的 3 个部分组成。1977 年 2 月研制出一架“企业号”航天飞机轨道器，由波音 747 飞机驮着进行了机载试验。1977 年 6 月 18 日由航天员海斯和富勒顿进行了首次载人试飞。1981 年 4 月 12 日，人类历史上第一架航天飞机“哥伦比亚号”成功发射升空，在此后的 30 年时间里，美国又相继发射了“挑战者号”“发现号”“亚特兰蒂斯号”和“奋进号”航天飞机，先后共执行了帮助建造国际空间站，发射、回收和维修卫星，开展科学研究等 135 次任务。

迄今为止，只有美国和苏联成功制造并成功发射和回收了能够进入近地轨道的航天飞机，其中又只有美国成功进行了载人任务。其他国家的航天飞机计划尚没有实际发射并进入轨道的记录。著名的航天飞机有美国的“哥伦比亚号”“挑战者号”“发现号”“亚特兰蒂斯号”和苏联的“暴风雪号”等。

## 从“企业号”到“哥伦比亚号”

有了制造航天飞机的想法，经过一系列的论证和研究，NASA 终于将自己的想法转化为实际行动，1969 年 1 月 31 日，NASA 与罗克威尔公司、洛克希德·马丁等公司签订合同，合作研发一种可以重复使用的太空往返运输工具。1971 年 1 月 19 日，NASA 在弗吉尼亚州的威廉姆斯堡确定了该设计的要点。1972 年 10 月，航天飞机 3 部分的设计构想确定其最初的名字称为空间轨道器。航天飞机的制造极其复杂，有多达 3500 个分系统和 250 万个零部件，整个项目由 NASA 马歇尔空间飞行中心统一指挥，各承包商分工合作，洛克达因公司负责制造主发动机，罗克威尔公司负责建造轨道器，洛克希德·马丁公司负责研制防热瓦，IBM 提供所需计算机。然而，航天飞机从设计到制造成功，技术和结构之复杂、耗费的人力物力之惊人、科研人员耗费的心血之巨大并非短短几行文字可表。经过几十万科研人员将近 10 年紧锣密鼓的设计和制造工作——仅仅图纸就可以堆满一整个足球场——1976 年 9 月 17 日，人类历史上第一架航天飞机终于在罗克威尔公司帕玛戴尔总装大楼装配完成，编号 OV-101。

起初，为了纪念美国建国 200 周年，这架航天飞机被命名为“宪法号”，后来又改为使用电视剧《星际迷航》中飞船的名字，该飞船的名字来源于美国的核动力航空母舰“企业号”，因此第一架航天飞机被命名为“企业号”，也译为“奋勇号”或者“进取号”。“企业号”航天飞机轨道器长37.2m，宽23.8m，高17.4m，净重72.6t，载荷舱长18.2m，宽4.6m，能将29.5t重载荷送上370～1110km高的空间轨道，返航时可以携带1.45t重载荷。在配有辅助电源的情况下，能在太空中停留30天，并可执行各种任务。“企业号”轨道器上装有49台火箭发动机，配有23根天线用来通信和传输数据，装备了5台计算机，和各种相互隔绝的控制系统以及电源系统。“企业号”轨道器分为前、中、后3个部分，前部为航天员舱，中部为载荷舱，后部是尾舱。航天员舱分为上、中、下3个区，最上面是飞行舱，是航天飞机的控制中心；中间是航天员的出入口和通向载荷舱的气塞门；最下面是设备区。在中部的是载荷舱，其上部是两扇从中轴线一分为二装有氟利昂冷却器由环氧石墨材料制成的舱门，该舱门要在航天飞机发射之后开启，协助进行电气设备和所携带载荷的散热。后舱分为3个部分：一是航天飞机主发动机的支撑底座和轨道器与外贮箱的连接装置。二是由钛合金材料制成的支撑结构，用来支撑尾翼、轨道器操作系统和后襟翼。三是外部罩，外部罩里面是载荷舱和主发动机喷嘴防热罩之间的所有设备。

值得一提的是，“企业号”制造之初并不是作为一个翱翔于天地之间的真正的航天飞机，而是作为一个测试平台，并没有安装发动机和其他一些设备，而且虽然其名为飞机，却并不能像普通飞机那样在各地之间飞来飞去，鉴于其庞大的体积和巨大的重量，还需要一些专门的运输工具才能使其顺利在装配工厂以及各个试验场之间往返。NASA 首先购买了两架当时世界上最大的客机——波音 747，在其机身背部安装了 3 个支点，用来固定轨道器，之后又在机身内部安装了大量的测试和试验设备，将其打造成一个运输和试验平台。这使得航天飞机更像是空中骑士。解决了空中运输的问题，还有地面运输的问题。NASA 找到世界著名的巨型矿山机械制造商马里恩公司，订制了名为“爬行者”的陆地运输工具。这种运输工具长 41.2m、宽 34.7m，相当于三个半篮球场的大小，高度可在 6.1 ～ 7.9m 之间伸缩，有 2 层楼那么高，其自重 2495t，相当于 166 辆 15t 重的重型卡车。其速度和其名字完全匹配，最快时速 3.2km，载重状态下更是只能以 1.6km/h 的速度缓缓爬行。但是其载重能力无与伦比，运输 3000 多 t 重的“土星 5 号”火箭不在话下。

“企业号”航天飞机制造完成之后，NASA 在爱德华空军基地对其进行了一系列的试验和测试。1977 年 2 月，“企业号”被绑在一架经过改装的波音 747 母机上进行了第一次试飞，这次试验并没有载人，而且从起飞到着陆始终未与母机分离。1977 年 6 月 18 日，“企业号”进行了第一次载人飞行试验，两名航天员分别是海斯和福勒顿，此次试验仍然全程未与母机分离。1977 年 8 月 12 日，“企业号”进行了第一次载人的自由飞行试验，航天员仍然是海斯和福勒顿，他们驾驶“企业号”进行了一圈 U 字形的滑翔飞行，之后平安着陆，“企业号”在飞行中表现出的灵敏反应让他们感觉是在驾驶一架战斗机，令他们吃惊不已。

1977 年 10 月 26 日，“企业号”航天飞机结束了在爱德华空军基地的全部试验。之后由母机驮负先后前往马歇尔航天中心和肯尼迪空间中心进行了一系列试验，其间曾数次发射，但从未进行载人发射，均为遥控操作。

完成了全部的测试任务后，“企业号”开启了一连串的展览之旅，足迹遍布海外各地。之后，美国政府将“企业号”捐给史密森尼学会收藏，“企业号”先是被保存在华盛顿杜勒斯国际机场的机棚中，2003 年，随着史蒂芬·乌德瓦 - 海兹中心启用，“企业号”也被转移到其中展览。同年，“哥伦比亚号”航天飞机失事，为调查事故原因，“企业号”上的隔热瓦曾被拆下来进行测试。2012 年 4 月 27 日，“企业号”由母机驮负从弗吉尼亚杜勒斯国际机场起飞，飞过自由女神

“企业号”被运往“无畏号”航空母舰

像等地标建筑后降落在肯尼迪国际机场，之后被运往“无畏号”航空母舰，正式落户“无畏”海空博物馆。

作为人类历史上的第一架航天飞机，虽然NASA曾计划将其送入太空，但是由于种种原因，最终未能成行，“企业号”始终作为一个测试平台进行各种试验。尽管如此，人们通过在“企业号”上试验，收集了宝贵的数据和经验。“企业号”虽然从未进入太空，却为之后的“哥伦比亚号”航天飞机进入太空铺就了坚实的道路。

经历了“企业号”的试验和探索，1981年4月12日，人们的目光聚焦在美国东部佛罗里达州东海岸的梅里特岛，更是有上百万人从世界各地赶来，其中包括美国总统里根夫妇以及英国女王伊丽莎白二世。“哥伦比亚号”航天飞机载着约翰·杨和罗伯特·克里朋两位宇航员在肯尼迪航天中心发射进入太空，成为第一架进入太空的航天飞机，揭开了人类航天史上新的一页，也开启了30年的航天飞机时代。当“哥伦比亚号”徐徐升上太空之时，英国女王情不自禁地站了起来，感慨地说：“哦，上帝，它真的飞起来了。”

关于“哥伦比亚号”名字的由来，有两种说法：一种说法为“哥伦比亚号”是美国第一艘环球航行的帆船的名字，而“哥伦比亚号”航天飞机则是NASA太空运输系统计划中第一个进入轨道的航天飞机，所以以此命名；另一种说法是纪念法国作家儒勒·凡尔纳的长篇小说《从地球到月球》中的哥伦比亚大炮。“哥伦比亚号”航天飞机编号VO-102，轨道器长约37m，宽24m，最大载荷29.5t，最多可装载8名航天员，在太空中最多可停留30天。“哥伦比亚号”在它的第一次太空飞行中环绕地球36周，持续54h，于1981年4月14日在爱德华兹空军基地114km2湖床的一条8km多长的坚硬跑道上平安着陆。航天飞机无疑是有史以来最为复杂的航天器，因此，“哥伦比亚号”的这次测试飞行被称为NASA历史上最大胆的试飞。从其首次进入太空之后，直至2003年失事之

“哥伦比亚号”发射

前，“哥伦比亚号”一共执行了 26 次太空运输任务，任务目的包括太空观测、部署卫星、科学实验和维护空间望远镜等。

作为人类历史上第一次驾驶航天飞机进入太空的航天员，约翰·杨和罗伯特·克里朋也成为传奇。杨是 NASA 中生涯最长、执行任务最多的航天员。他 6 次进入太空，2 次飞往月球。此外，他还是唯一一个操纵过 4 次航天器的航天员。杨勇敢幽默，具有典型的美国牛仔的性格。1965 年 3 月 23 日，杨和维尔吉·格里森搭载“双子星 -3”飞船进入太空，他竟然将一个咸牛肉三明治带上了飞船，因此遭到严厉批评，差点被停飞。当格里森问他这样做的原因时，他回答说：“我想在你饿的时候卖给你。”除了航天，他还喜欢冲浪、骑自行车、阅读和园艺，对地质学也有很深的研究，可以说是一位不可多得的全才。与杨的性格不太一样，他的搭档克里朋是一位精明老练、处事果断而又谨慎的资深飞行员。他曾经说：“航天飞机像一只老鹰，能俯瞰整个地球，但是有点事就会小命不保。”克里朋先后 4 次参加航天飞机任务，其中 3 次担任机长，并荣获美国国会太空荣誉勋章。1992 年升任肯尼迪航天中心主任。

2003 年 1 月 16 日，“哥伦比亚号”迎来了它的第 28 次太空运输任务，此次任务的目的为科学研究，共搭载了包括中国在内的 6 个国家的学生设计的实验项目。2 月 1 日，就在结束了为期 16 天的科学实验任务返航之时，不幸发生了，“哥伦比亚号”在距离着陆还有 16min 时突然从雷达中消失。从电视图像上看，“哥伦比亚号”爆炸解体，在得克萨斯州上空划出数条白色轨迹。7 名航天员全部罹难，他们分别是：

机长：里克·哈兹班德 (Rick Husband)，男，45 岁，1994 年成为航天员。

机组成员：威廉姆·麦库 (William McCool)，男，41 岁，1996 年成为航天员。

有效载荷指令长：麦克尔·安德森 (Michael P.Anderson)，男，43 岁，1994 年成为航天员。

任务专家：卡尔帕纳·楚拉 (Kalpana Chawla)，女，41 岁，1994 年成为航天员。

任务专家：大卫·布朗 (David Brown)，男，46 岁，1996 年成为航天员。

任务专家：劳瑞尔·克拉克 (Laurel Clark)，女，41 岁，1996 年成为航天员。

有效载荷专家：伊兰·拉蒙 (Ilan Ramon)，男，48 岁，1997 年成为以色列首位航天员。

“哥伦比亚号”航天员合影

“哥伦比亚号”的失事对航天飞机的发展和使用产生了不利影响，航天飞机为国际空间站运送航天员和物资的行动也被暂时搁置。

经过长达数年的漫长调查，2009 年 12 月 30 日，NASA 发布了“哥伦比亚号”航天飞机失事的最终调查报告。确认事故原因是航天飞机发射升空时外部燃料箱外表面脱落的泡沫材料撞击航天飞机左翼，导致机体表面的隔热保护层出现了大面积破损，返航时超高温气体侵入机体造成爆炸解体。该报告同时指出，NASA 对安全问题的长期漠视起到了与泡沫材料等同的作用。2013 年 2 月 1 日，“哥伦比亚号”失事悲剧 10 周年纪念日，NASA 前飞行主管韦恩·哈尔承认，当年高级工程师们早在左翼受损后就发现了这个致命故障，并认定航天飞机会在返回时机毁人亡，但 NASA 的主管和同僚却刻意隐瞒了事实，因为高层相信与其让航天员知道实情在痛苦和绝望中度过生命最后时刻，还不如让他们在不知情的情况下突然死去。哈尔希望 NASA 的官员不要再犯他和他的同事当年的错误。他说：“你永远无法走出那次事故的阴影，它将永远伴随着你。这些遇难的航天员都是我非常熟悉的人，其中一些还曾和我一起工作过。我对他们的安全负有责任，我永远无法忘记这一切。”2004 年 2 月，为了纪念在这次事故中不幸罹难的 7 名航天员，将“勇气号”火星探测器着陆点东侧的 7 座山峰分别用失事航天员的名字命名。在这一事故的影响下，为了防止由于航天飞机的隔热瓦发生损坏而导致事故，当航天飞机飞离地球进入太空时，会打开负载舱进行 360° 旋转，让 NASA 的卫星能全面地观察航天飞机的外部状况。此外，NASA 还开发出了一套可以让航天员在飞行期间对航天飞机隔热保护层进行修补的套件，以避免类似的悲剧再次发生。

从“企业号”到“哥伦比亚号”，航天飞机跨出了从实验室到太空的重要一步，虽然“哥伦比亚号”航天飞机的最后一次飞行以惨烈的悲剧收场，并且使 7 名航天员付出了生命，但他们英勇无畏的精神将激励后人去更加勇敢地探索太空的奥秘。

“哥伦比亚号”航天飞机残骸

# “挑战者号”爆炸

美国东部时间1986年1月28日上午，美国加利福尼亚州康科德市康科德中学的数百名学生正聚集在学校的自助食堂里，通过电视机观看他们非常敬佩的麦考利夫老师所乘坐的“挑战者号”航天飞机发射升空的实况，并期待着几天之后他们的老师在太空中为他们授课。克里斯塔·麦考利夫，女，1949年出生，在康科德中学担任历史教师。一年之前，麦考利夫汽车收音机的扬声器里传来里根总统的声音：“今天，我责成国家航空航天局在全国范围内挑选出一名全国最优秀的教师，这位教师将作为我们空间计划历史上第一位公民乘客。”听到这个消息之后麦考利夫难以抑制自己激动的心情，立刻就按照广播中的要求和方式提交了申请，经过几个月的严格筛选测试，麦考利夫从11000名申请者中脱颖而出，有幸被选中成为太空教学计划的第一名太空教师，也是历史上第一位平民航天员，将在太空中为学生讲解两节关于太空和飞行的科普课程。就在她被选中的第二天，康科德市在市府广场举行了盛大的庆祝活动，人们涌向她，同她握手、拥抱并要求签名。市长更是将乐队的指挥棒交给她，让她指挥乐队演奏进行曲《星条旗永不落》。此后，康科德市将8月6日定为克里斯塔·麦考利夫日。1985年7月，麦考利夫被确定参加“挑战者号”航天飞机的第十次太空飞行，一位历史教师将亲自参与历史的创造。

但此次发射任务从一开始就显得很不顺利，命途多舛，由于种种原因发射时间被一再推迟。这次发射本来计划在1月22日下午2时30分在佛罗里达州的肯尼迪航天中心进行，但由于上一次发射任务的延迟，本次发射也被推迟，先是推后到23日，之后又改为24日。又由于塞内加尔达喀尔的越洋中止降落（TAL）场地气候过于恶劣而推迟到25号。这时NASA决定启用达尔贝达作为越洋中辍降落场地，但该场地又不具备夜间降落的条件，发射只能再次推迟到清晨进行，此后又得到报告说届时肯尼迪航天中心的天气情况不利于发射，只好将发射时间再次推迟到27日上午9时37分。在进行发射前的检查时，工作人员发现校验舱门封闭安全性的微动开关指示器发生了故障，而一个坏掉的门闩又阻碍了工作人员从舱门上取下闭合装置器，只好将装置器锯掉。这时航天飞

“挑战者号”成员合影

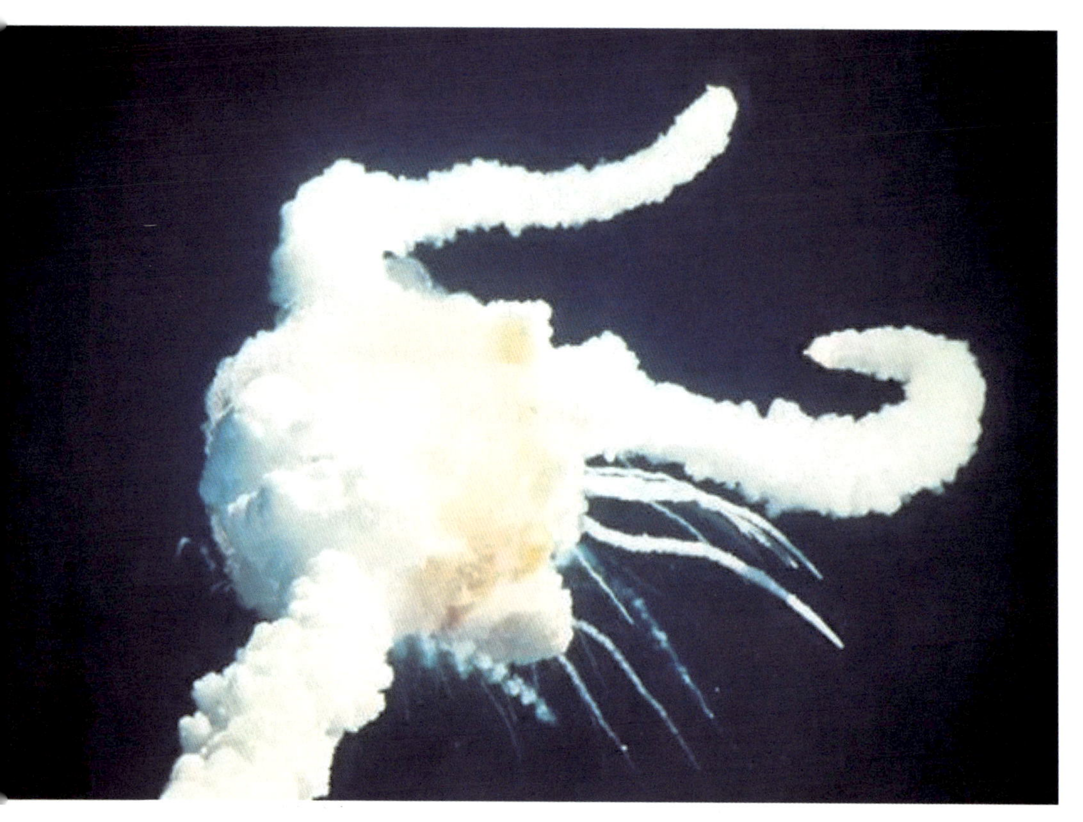

“挑战者号”爆炸

机着陆跑道上的侧风又超过了进行返回着陆场地中断的极限，最终只好启动了备用计划，侧风也终于停了下来。

1986 年 1 月 28 日，发射当天，除了电视机前的学生之外，在发射场的看台上，更有上千名观众不畏严寒，等待着激动人心时刻的到来。随着倒计时的结束和一声点火发射的指令，美国东部时间 1986 年 1 月 28 日 11 时 38 分，在震耳欲聋的轰鸣声和看台上山呼海啸般的欢呼声中，“挑战者号”航天飞机带着包括麦考利夫在内的 7 位航天员腾空而起，观看发射的人们开始不停地评论，言语中充满了激动，有的更是吹起了喇叭。

然而，让所有人都意想不到的事情发生了，航天飞机升空 73s 之后，突然化为一团橘红色的火球，许多残骸从火球中飞出，拖着长长的火焰和烟雾向四外飞散开去，飞行控制中心的电视屏幕上从“挑战者号”上收到的数据随即中断。又过了 40s，现场解说员内斯比特沉痛地宣布，“挑战者号”航天飞机发生了爆炸。刹那间，无论看台上还是电视机前，人们的情绪瞬间从欢腾到惊呆，又转为失声痛哭。在这次事故中遇难者有：

机长：弗朗西斯·斯科比，男，46 岁；

驾驶员：迈克·史密斯，男，40 岁；

航天员：朱蒂丝·雷斯尼克，女，36 岁；

航天员：罗纳德·麦克奈尔，男，35 岁；

航天员：埃里森·奥尼佐卡，男，39 岁；

航天员：格里高利·杰维斯，男，41 岁；

教师：克里斯塔·麦考利夫，女，37 岁。

“挑战者号”航天飞机是继“哥伦比亚号”之后第二架进入太空的航天飞机，其名字的由来是 1870 年在大西洋和太平洋上航行的英国皇家海军“挑战者号”军舰。因为航天飞机在从发射升空到返回地面的整个过程中，要承受非常大的外力，而其自身的质量又要求尽可能地轻，所以整个航天器的每一部分都会担负极大的结构应力。但是当年的计算机技术水平并没有今天这样强大，仅凭软件仿真工程师们无法非常准确地判断航天飞机在各种极限情况下的表现。安全起见，就需要使用一架真正的航天飞机来进行测试和分析。“挑战者号”就是作为专门进行这种测试的高拟真结构测试体而被设计和制造的。“挑战者号”项目 1972 年 7 月 26 日正式签约启动，由罗克威尔公司负责建造，代号 STA-099。1978 年 2 月 14 日，在加利福尼亚州棕榈谷的罗克威尔工厂装配完成。之后，“挑战者号”被运往洛克希德·马丁公司 42 号工厂进行测试。按照 NASA 的原计划，“企业号”将作为“哥伦比亚号”之后的第二架进入太空的航天飞机，但将“企业号”送入太空所需的资金十分高昂，此时人们发现，改装“挑战者号”的性价比更高。因此，在“挑战者号”完成了初期的测试任务后，被决定改装为正式轨道器，代号也改为 OV-099。1979 年 1 月 5 日，改装工程签约，仍然由罗克威尔公司承包。经过数年的艰苦努力和辛勤工作，1982 年 6 月 30 日，改装完成。之后被运送至肯尼迪太空中心。

1983 年 4 月 4 日，“挑战者号”首次发射升空，此次的任务目的是部署数据追踪中继卫星 TDRS-1 号，值得一提的是，航天员在此次任务中进行了太空行走，这也是航天飞机历史上的首次。此外，这次任务也是在航天飞机任务中最后一次搭载 4 位航天员，此后的任务乘员均为 7 人。此后“挑战者号”又成功地执行了 8 次太空运输任务。其中，在 1983 年 6 月 18 日的代号为 STS-7 的任务中，莎莉·莱德成为美国第一位女性航天员；在 1984 年 2 月 3 日的代号为 STS-41-B 的任务中，虽然部署通信卫星的任务失败，但进行了第一次不系绳的太空行走；在 1983 年 10 月 5

日的代号为STS-41-G的任务中，第一次有两位女性航天员参与，其中凯瑟琳·苏利文成为第一位太空漫步的美国女性。可以说“挑战者号”在其之前执行的9次任务中创造了多个第一次，谱写了历史。而发生事故的那次飞行是它的第10次太空任务。

“挑战者号”事故发生之后，1986年2月3日，时任美国总统里根责成前国务卿威廉·罗杰斯成立调查委员会，对此次事故原因进行调查。该委员会由罗杰斯担任主席，其成员包括：航天员：尼尔·阿姆斯特朗、莎莉·莱德；律师：大卫·艾奇逊；航空学专家：尤金·科弗特、罗伯特·霍茨；物理学家：理查德·费曼、阿尔伯特·惠尔伦、小亚瑟·沃克；前空军将领：唐纳德·秋提那、罗伯特·拉梅尔、约瑟夫·萨特；前飞行员：查克·耶格尔。经过几个月的调查，6月9日，委员会提交了调查报告。报告中指出，由于“挑战者号”的右侧的火箭推进器尾部一个密封接缝的O形环存在设计缺陷，加上发射现场温度过低，导致该O形环硬化失效，致使点火后高压的热气和火焰从邻近的外加热料舱喷出，造成航天飞机结构损坏。报告中也严厉批评了NASA高层在“挑战者号”发射中的决策过程，认定其在沟通过程中存在严重漏洞，忽视了工程师对O形环可能失效问题提出的警告，对发射前存在强气流的报告也未加以重视。委员会中的著名物理学家理查德·费曼则在一场电视广播听证会上演示了O形环如何在低温下失去韧性进而失去密封功能。费曼认为NASA在安全文化上存在严重缺失。他说：“要想在技术上成功，实情要凌驾于公关之上，因为大自然是不可欺骗的。”

“挑战者号”航天飞机是第一架失事的航天飞机，这次事故对各界都产生了广泛的影响。“挑战者号”失事的消息立即登上全球各种报刊的头条，肯尼迪航天中心聚集了1400多名记者，虽然事故发生时只有CNN进行了全国性的直播，但大部分人在一个小时之内就通过新闻得知了消息，并看到了录像画面。事故之后进行的一项研究显示，此次发生事故的消息传播速度之快，仅次于约翰·肯尼迪总统被刺杀的新闻和富兰克林·罗斯福总统去世的消息。在工程安全及其相关领域，“挑战者号”事故更是经常作为专题研究的案例，在很多国家作为专业执照考试的必会知

“奋进号”STS-118成员合影

识。在发射前提出失效警告的工程师罗杰·博伊斯乔利从承包商莫顿·塞奥科公司辞职，转而成为一位工作场所道德规范发言人。麻省理工学院等著名学府也将此事故作为工程伦理课程的一个案例。在此之后，还诞生了《挑战者号》《太空先锋》《遥远星际》等一系列以“挑战者号”航天飞机失事为题材或故事背景的电影和电视剧作品。

“挑战者号”失事当晚，时任美国总统里根取消了原定发表的年度国情咨文，在白宫的椭圆办公桌前发表了一份关于“挑战者号”灾难的演说，在演说结尾引用了小约翰·吉列斯比·麦基的一首诗《高高飞翔》：

“我们永远缅怀他们，我们不会忘记今晨最后看到他们的情景。他们整装待发，向我们挥手致意，然后脱离了大地执拗的束缚飞上天际，亲近上帝慈爱的面容。”

虽然麦考利夫的生命永远定格在了 1986 年 1 月 28 日，但她的故事并没有就此结束。“挑战者号”失事之后，作为麦考利夫替补航天员的芭芭拉·摩根全面接管了麦考利夫的工作，2007 年 8 月 8 日，摩根与其他 6 名航天员一起搭乘“奋进号”航天飞机进入太空执行 STS-118 任务，成为 NASA 太空教学计划成功进入太空的第一人，完成了麦考利夫未竟的事业。

# “发现号”航天飞机

“发现号”航天飞机是NASA第三架进入太空的航天飞机，编号OV-103，“发现号”这个名字与之前的“企业号”和“挑战者号”一样，也是来源于一艘船的名字。18世纪著名英国探险家詹姆斯·库克船长远征南太平洋，发现了夏威夷群岛、新西兰和澳大利亚东岸。库克船长还曾经乘船在南阿拉斯加和西北加拿大之间的海岸线之间进行探险，当时北美大陆正在进行美国独立战争，这一带对英国船只来说是十分危险的，但是鉴于他所进行的探索任务的重要性，本杰明·富兰克林下令禁止美军攻击库克船长的坐船。他在探险旅程中所乘坐的探险船正是“发现号”。

“发现号”航天飞机与在其之前进入太空的“哥伦比亚号”和“挑战者号”以及始终用来测试的“企业号”都不一样，“发现号”吸取了之前航天飞机测试和实际飞行中的数据和经验教训，取其精华去其糟粕，其设计更为成熟合理，如果说之前的“企业号”是测试版，“哥伦比亚号”和“挑战者号”是第一代，那么“发现号”就是NASA航天飞机的第二代。尤其是在“挑战者号”失事之后，NASA对航天飞机做出了大量改进，有500多个部件进行了重新设计和改装。大到主发动机、轨道器和固体助推器，小到轮胎、刹车，尤其是导致“挑战者”事故的O形环更是改进的重点，只有燃料箱几乎没有变化。“发现号”质量上比“哥伦比亚号”减轻了约3.1t，仅此一项就可以看出其技术和设计上的进步。而整体上的这些改进耗资高达25亿美元。在其漫长的28年服役周期中，“发现号”经历了“挑战者号”和“哥伦比亚号”的灾难，在每次灾难之后，NASA都会将航天飞机的飞行暂停一段时间，待问题处理解决完毕再恢复飞行，而这两次恢复飞行的任务都是由“发现号”执行，可以说“发现号”见证并参与了航天飞机发展史上的挫折与复兴，也可以看出NASA对“发现号”的信心。

“发现号”航天飞机1979年1月29日签订建造合同；1979年8月27日各个模组开始建造；1982年9月3日模组建造完成，开始最后组装；1983年2月25日，最后组装完成；1983年2月28日，初步系统测试开始；1983年7月26日，全部测试完成；1983年8月12日，完成签收；1983年11月9日，运至肯尼迪太空中心。至此，经过4年多的时间，“发现号”航天飞机准备就绪。1984年8月30日，“发现号”终于迎来了它的首次太空飞行。此后，“发现号”就开启了它漫长的太空运输之路。这期间“发现号”执行了很多在人类航天史上具有重大意义的任务，这些任务包括：1988年9月29日的STS-26，这是“挑战者号”失事后航天飞机恢复飞行的首次任务，标志着航天飞机的发展重回正轨。在这次任务中发射了一颗追踪与资料中继卫星；1990年4月24日的STS-31，此次任务运载著名的哈勃太空望远镜；1998年10月29日的STS-95，此次任务搭载了77岁的参议员约翰·格伦，使其成为年龄最高的航天员；在“发现号”执行的众多太空运输任务中，最为值得一提的是STS-114和STS-131。

STS-114是“哥伦比亚号”在2003年2月1日返航失事之后NASA再次恢复航天飞机执行飞行任务后的第一次任务，“发现号”航天飞机原计划于2005年7月13日执行该任务，但在7月13日预定的发射时间2个多小时前，工作人员进行发射前的例行监测时，发现一个位于液态氢燃料槽底部的液态氢发动机熄火感应器发出了错误的信号。这种感应器主要是用来在液态氢燃料槽里燃料耗尽之前紧急切断发动机动力，防止发生爆炸。“发现号”上共有4组这样的感应器，这种设计主要是为了在其他感应器同时故障时还可以作为备份正常工作，出现问题的感应器是其中的1组。NASA只得放弃发射，尝试找出问题所在。但出于安全的考虑，如果不是航天飞机准备升空，燃料槽里是不会注满燃料的，因此工作人员就很难复制出与升空前一模一样的环境，进而很难准确找出问题所在。7月20日，NASA的官员宣布，即使无法确定之前感应器发出错误信号的原因，“发现号”也将于美国东部时间7月26日上午10时39分发射升空。因为根据他们的计算，7月31日是发射行动时间窗口的底线，超过这个日期，航天飞机发射时周围的光影条件将不利于“发现号”上新安装的一组监视摄像机的运作。这套监控系统是用来观测评估“哥伦比亚号”失事后NASA针对航天飞机安全性设计所进行的改进的效果。如果错过了这个发射的时间窗口，就只能推迟到9月9日之后才会有合适的光影条件出现。尽管仍然有一部分专家对此持有反对意见，“发现号”还是于2005年7月26日按照预定时间发射升空。伴随着航天飞机发出的烈焰和轰鸣，“发现号”徐徐上升，人们欢呼雀跃、击掌相庆，庆祝“哥伦比亚号”失事后航天飞机第一次恢复飞行的成功。然而，还没等欢庆的人们回过神来，就有细心的工作人员注意到“发现号”外挂燃料槽上有一块隔热泡沫棉由于碰撞脱落，这一意外情况的出现不禁让人想到“哥伦比亚号”的灾难悲剧，人们的情绪仿佛过山车般从高点落到谷底，现场甚至传出了哭泣声。幸好脱落的这块隔热棉面积并不大，“发现号”上升过程有惊无险，顺利升空。但是经过相关专家对摄像机传回画面的仔细分析，认为当“发现号”重返大气层时破损的地方可能造成机体撕裂，而重演“哥伦比亚号”的灾难。幸好 NASA 吸取了之前两次航天飞机失事的教训，对机体进行了改造，尤其是隔热层修补套件的添加，在这个时候派上了大用场。NASA 立刻决定由航天员通过太空行走的方式，利用新添加的隔热层修补套件对隔热层进行修补。这也是人类历史上第一次以太空行走的方式对航天器受损部件进行机外紧急检修。航天员斯蒂芬·鲁滨逊缓慢地爬出机舱，慢悠悠地进入太空，来到“发现号”隔热层破损的位置。他先将两块下垂存在危险的隔热材料拉出来，再补上另一块隔热瓦。他利用特制的强力胶将破损的部分粘住，然后用特制喷枪和油灰刀将裂缝堵好，顺利地完成了紧急修复工作。事后，鲁滨逊回忆说，那两块破损的材料很容易就被拉了出来，甚至没有用上他自己临时制作的钢锯。在解决了隔热层损坏的问题同时完成 STS-114 的计划任务之后，“发现号”平安地降落在美国加利福尼亚州爱德华兹空军基地，结束了长达 14 天的太空之旅。

美国东部时间 2010 年 4 月 5 日 6 时 21 分，“发现号”搭载 7 名航天员在肯尼迪航天中心发射升空，执行 STS-131 任务。此次任务的目的是为空间站运送质量为 8t 的各种物资。而在执行此次任务的 7 名航天员中，有 3 名为女性，占据了半壁江山，她们分别是：日本女航天员山崎直子、太空工程师斯蒂芬妮·威尔逊以及原中学女教师林登贝尔格。此次的发射和任务都进行得十分顺利，然而，在返航途中却遇到了问题。由于天气原因，着陆时间被一再推迟，在因为雨雾而再次推迟着陆时间后，肯尼迪航空中心在黎明之前终于迎来晴天，“发现号”不失时机有惊无险地成功着陆。值得一提的是，此次“发现号”是从西北方向飞往肯尼迪航天中心，途径美国将近 10 个州的上空，是在 2007 年以来航天飞机首次穿越美国腹地返航，而不是通过太平洋、中美洲、墨西哥湾上空从西北面返回的路线——这一路线最大限度地避免了穿过人口稠密地区。

“挑战者号”和“哥伦比亚号”分别在发射时和返航时发生意外，进而引发灾难，而“发现号”也在执行任务时分别在发射时和返航时遇到问题，但都顺利解决，化险为夷，这标志着人类的航天水平跨上了一个新的台阶，而“发现号”也超越了自己的前辈，成为航天飞机中新的传奇。然而，传奇也终有落幕的时候，2011 年 3 月 9 日 11 时 57 分，“发现号”在完成了最后一次任务后，在佛罗里达州肯尼迪航天中心安全着陆，为其太空生涯画上了一个完美的句号。2012 年

“发现号”航天飞机着陆

4 月 17 日，“发现号”迎来了自己的退役仪式，成为第一架退役的航天飞机，“发现号”的退役也标志着航天飞机时代的大幕缓缓落下。包括航天员、工作人员、嘉宾、游客和各路媒体的记者在内的 2000 多人参加了“发现号”的退役仪式，仪式之后，在人们的欢呼声中，“发现号”由一架经过改装的波音 747 飞机驮负缓缓飞上天空。此行的目的地是华盛顿美国国家航空航天博物馆，飞机在华盛顿上空环绕飞行两周后徐徐降落。今后，“发现号”将作为该馆的珍贵藏品供人们参观学习。如果说航天飞机是那个时代里航空航天领域中的明星，那么“发现号”无疑是最耀眼的那一颗。“发现号”航天飞机是历史上服役时间最长、执行任务次数最多、飞行时间和飞行里程最多的航天飞机，“发现号”服役 27 年，总计执行太空运输任务 39 次，累计飞行时间 352 天，总行程 2.3 亿 km，围绕地球飞行超过 5600 圈，累计搭载航天员 180 人次。尽管传奇落幕，但传奇的故事将始终为人们传颂，鼓励人们在探索太空、揭开宇宙奥秘的道路上奋勇向前。

## 难产的苏联“暴风雪号”航天飞机

第二次世界大战结束之后形成了美苏争霸为主旋律的冷战格局，为了争夺世界的领导权，美国和苏联这两个超级大国在各个领域都展开了激烈角逐。航空航天领域作为高精尖的代表更是双方的必争之地，早在20世纪50年代美苏就开始了太空竞赛。在航天飞机的设计和制造方面，美国捷足先登，并率先在1976年成功制造出了“企业号”航天飞机。有意思的是，美国设计制造航天飞机的初衷是制造一种可重复使用的航天器，以降低太空活动的成本，可是当时在冷战的大背景下，双方相互敌视，作为太空竞赛的另一方，苏联认为美国此举的目的是搭载核武器，对自己是一种巨大的威胁，于是也不甘落后，决定开发自己的航天飞机以应对威胁，并于同年开始了自己的航天飞机计划，代号为“暴风雪”。

“暴风雪号”航天飞机由米高扬设计局、米亚西舍夫设计局和莫尔尼亚设计局等几个设计局联合设计。其中米高扬设计局大名鼎鼎，其代表作是米格系列战斗机，还有“螺旋号”小型飞船，米亚西舍夫设计局主要负责苏联轰炸机和高空侦察机的设计，而莫尔尼亚设计局则擅长研制空空导弹。虽然后两者没有米高扬设计局名气大，但也都不同程度地参与过苏联的航天项目。此次3家设计局联合组建了“闪电科学生产联合体”，全权负责“暴风雪号”的研发，成员包括米高扬设计局当年设计“螺旋号”飞船的部分人员，加上另外几个设计局的一些高级工程师，可谓阵容强大。

尽管配置了精兵强将，但设计工作从一开始就显得不太顺利，首先是在设计方案上举棋不定，虽然整个“暴风雪”项目由联合组建的闪电科学生产联合体负责，但每个设计局都分别提出了各自的设计方案，而且这些方案各有特点，差异很大。例如，其中有来自米高扬设计局的改良“螺旋号”飞船方案；还有一种没有机翼结构，使其更适合高速大迎角飞行的方案；也有同美国航天飞机类似的三角翼方案。经过几次开会研究和讨论，最终确定了与美国航天飞机类似的三角翼方案。解决了设计方案的问题，下一个问题就是如何把航天飞机送入太空的问题，由于航天飞机体积和质量都很大，需要强大的推力才能使其升空，美国的做法是为航天飞机装备了固体火箭助推器，而此时苏联对大型固体火箭缺乏研究，技术尚不过关。于是，只好启动与“暴风雪号”相配套的能源火箭项目。由重型运载火箭能源号将“暴风雪号”送入太空，之后“暴风雪号”利用自身的两个小型发动机对轨道进行细微调整。这种设计很多专家认为优于美国航天飞机，因为轨道器两侧没有固体火箭助推器，降低了航天飞机发生事故的概率，而且能源火箭一旦研制成功，除了运载航天飞机，也可以应用于其他方面。这些在设计方案上的争论和变动也影响了与之配套的能源火箭的设计和研制，更是大大拖慢了“暴风雪号”的研制步伐，1981 年 4 月，美国“哥伦比亚号”航天飞机成功进入太空，而“暴风雪号”的设计图纸还没有画完。此时，距离“暴风雪”计划启动已经过去了5年。苏联政府大为恼火，严令各部门加紧研制。

经过几年的艰苦努力，1984年“暴风雪号”的第一架全尺寸模型完工，该模型长36m、高16m、翼展24m，之后苏联又制造了数架不同编号的“暴风雪号”全尺寸模型，用来进行各种地面试验。1985年，“暴风雪号”的各部分组件被运送到哈萨克斯坦拜科努尔发射场，这里建造了3个发射台，值得一提的是其中的3号发射台从未使用。这时“暴风雪号”再次遇到问题，由于研制进展不协调，各个部件的运输和组装工作遇到了极大困难，缺乏经验，人手不足，为此，苏联当局只好紧急调集1000多名相关领域的工作人员派往拜科努尔，导致“暴风雪号”项目的人手从原计划的600余人暴增到1800多人，增加了2倍。到1986年5月，“暴风雪号”航天飞机终于组装完成，并开始了电子系统的测试。

与“暴风雪号”本身设计和研制过程中所遇到的诸般不顺形成鲜明对比的是，能源火箭项目进展顺利，在摆脱了之前“暴风雪号”设计方案犹豫摇摆造成的困扰之后，“能源号”火箭虽然也经历了1985年第一次点火测试的发动机涡轮故障以及液氢泄漏等问题，但都顺利解决，“能源号”火箭11K25在1987年5月13日试射成功。“能源号”火箭的起飞推力达到3500t，展现了苏联航空航天领域的强大实力，至今，“能源号”火箭仍然是全世界起飞推力最强的火箭，没有之一。与此同时，为了运输“暴风雪号”航天飞机和能源火箭的部件，苏联安东诺夫设计局

「暴风雪号」航天飞机

特别设计了一款载质量达300t的巨型飞机，这就是安-225梦幻运输机，与“能源号”火箭类似，至今，安-225仍然是世界上体积最大、载重能力最强的单体飞机，没有之一。1988年2月，安-225首次试飞，在机场的一间不起眼的小屋里，一个美国中央情报局的间谍正在暗中密切关注着这一切。原来，苏联对航天飞机的研制工作保密十分严格，克格勃层层设防，几乎风雨不透，使美国的情报机关无法获取任何关于航天飞机的情报，不用说具体的功能参数，甚至连位置都不知道。于是，中央情报局决定从外围入手，因为航天飞机无法像普通飞机那样脱离运输工具独自飞行，而航天飞机的体型和质量又都极其庞大，因此必定需要一种超级飞机来进行运输。因此，只要循着这架飞机的踪迹就可以找到苏联的航天飞机。这位间谍经过千辛万苦，终于发现了安-225的机场，并悄悄地潜入进来，他看到一架巨大的飞机起飞，确定了方向后，他立刻发出报告：小鸟出窝，东南方向。刚刚发出报告，克格勃的特工就破门而入，枪口直指他的后脑。他先是一惊，瞬间又沉稳了下来，毕竟任务已经完成，如果他们再早来一步就功亏一篑了，想到这里，竟然有几分得意。特工们看出了他的心思，于是指着飞机提醒到“伙计，再仔细看看。”间谍抬头一看，只见那架飞机居然转了一圈，朝西南方向飞去。

万事俱备，只欠东风。为了迎接“暴风雪号”真正的首次试飞，苏联方面一共进行了140多次飞行试验，其中仅自动着陆试验就有70多次，而这些飞行测试大多使用的是小型的比例模型，第一架全尺寸模型在试飞24次之后宣告报废。1988年11月15日，“暴风雪号”航天飞机终于迎来了首次不载人轨道飞行，承担该次试飞任务的是之前建造的多个全尺寸模型中的一个，编号OK-1K1。其实，此次试飞原计划于10月29日进行，可是在最后的倒计时阶段出现了软件故障，发射程序被迫终止。而11月15日这一天的天气是阵雪，并不利于发射，而且风速达到20m/s，已经超过了发射中止标准的15m/s，但是发射主管坚持要求完成发射任务，于是“暴风雪号”由“能源号”运载火箭送入近地轨道，持续飞行了205min，围绕地球飞行两周后，顺利降落在拜科努尔的尤比雷尼机场。“暴风雪号”此次试飞的全过程都在苏联研发的Biser-4舰载计算机控制下自动运行，苏军还在太平洋上部署了“聂德林号”测量船和苏联科学院的“乔治·多布罗沃尔斯基号”测量船来对整个飞行过程进行监控。值得一提的是，“暴风雪号”在此次飞行的返航过程中曾经出现一次意外状况。在与地面距离只有11km时，“暴风雪号”的计算机收到信号，说明预定着陆地点天气情况不佳，这时航天飞机出人意料地做出了一个180° 大转弯的动作，将从西北方向靠近着陆点改为由南面靠近着陆点。这一转弯使“暴风雪号”从地面雷达中消失，通信也一度中断。面对这一紧急情况，地面控制人员一度决定启动飞船上的自毁装置，多亏“暴风雪号”的设计者，也是闪电科学生产联合体的负责人，关键时刻保持了冷静，力主静观其变，保证了“暴风雪号”平安着陆。根据事后调查，那个使“暴风雪号”从雷达中消失、通信中断的大转弯动作是“暴风雪号”计算机收到着陆点天气状况不佳后，自动驾驶系统重新规划着陆线路的结果。从这个小插曲可以看出“暴风雪号”的自动驾驶系统具有极高的可靠性。

而进行此次试飞的拜科努尔试验场早已成为军事禁区，克格勃有命令，即使一只飞鸟经过，也要接受望远镜的检查。值得一提的是，这道听起来略显夸张的命令居然收获战果。有一次，发射场附近发现了一只奇怪的信鸽，安保人员立刻开枪将其击落，发现这竟然是一只携带照相机的间谍信鸽。克格勃特工对试验场周围展开了大规模搜捕，竟然一无所获，让特工们有点摸不着头脑。原来，信鸽的主人是一位来自英国的间谍，他发现信鸽没有准时回来，立刻知道情况不妙，但是他并没有像通常人们认为的那样逃入深山或者躲进无人区，而是像孙膑一样装起了疯，而且伪装得非常逼真，加上他掌握一种苏联北极圈附近少数民族的语言，居然成功蒙混过关，被送进了疯人院，在那里，他又凭借之前受过的心理训练，骗过了精神病医生的检查。可是克格勃的特工也不是吃干饭的，其中一个就想到了间谍的方法。于是，在一天夜里，间谍决定翻墙逃离疯人院，可他双脚刚一落地，就被在此蹲守的特工候了个正着。

“暴风雪号”的首次成功飞行展示了苏联航天飞机相比于美国航天飞机的众多优点，如更高的安全性、更大的有效负荷以及更可靠的自动驾驶系统等，给世界各国都带来了很大震撼，苏联政府在同一年发行了一枚以“暴风雪号”为主题的邮票以示纪念。从首次试飞的情况来看，此次试飞很多重要的系统都没有测试，包括最重要生命保障系统，还有设计者和航天员都强烈要求添加的手动降落控制系统，种种迹象表明这不是计划中唯一一次无人飞行测试。而人们更加期待“暴风雪号”早日进行载人飞行。然而，留给“暴风雪号”的时间已经不多了。20世纪80年代后期，苏联的经济形势日益严峻，而航天飞机的研发需要投入大量资金，仅仅“暴风雪号”本身的研制就花费了13亿卢布，整个项目的支出超过200亿卢布，在“暴风雪号”首次试飞成功后，用来支持“暴风雪”计划的资金即将耗尽。苏联政府开始考虑巨大的投入与带来的收益之间的利害关系，终于，苏联政府于1991年决定停止对“暴风雪”项目的拨款，此时正值苏联解体前夕。按照苏联原先的计划，第二架航天飞机将于1991年首飞，第三架航天飞机将于1992年建造完成，首次载人飞机预计在1994—1995年进行。然而，随着苏联的解体，一切都烟消云散。

2002年，由于拜科努尔的厂房坍塌，“暴风雪号”航天飞机中可以飞行的一架连同“能源号”火箭一同被砸毁。2008年3月，德国施派尔城博物馆以1000万欧元的价格购得一架苏联“暴风雪号”航天飞机，作为该馆的收藏。这一事件令无数俄罗斯人沮丧不已。然后，德国人购买的这架“暴风雪号”并不是1988年成功试飞的那一架，当年的那架航天飞机在苏联解体之后所有权归哈萨克斯坦，早在2002年5月12日就已经被完全拆解。

## 其他的航天飞机

作为航天飞机领域的霸主，美国一共有5架航天飞机曾经进入太空执行载人航天任务。除了之前提到的“哥伦比亚号”“挑战者号”和“发现号”，还有“亚特兰蒂斯号”和“奋进号”。它们与“发现号”一样，是NASA的第2代航天飞机，吸收了前一代的经验教训，优化了设计，提升了性能。“亚特兰蒂斯号”是NASA的第4架航天飞机，以美国第一艘被用来进行海洋科学研究的双桅帆船的名字命名。于1980年3月开工建造，1985年4月首飞，共执行飞行任务37次，环绕地球飞行4462圈，飞行时间282天，飞行距离1.84亿km，搭载航天员185人次。“亚特兰蒂斯号”的首次飞行任务是将两颗国防通信卫星送入太空，此后“亚特兰蒂斯号”执行了许多更为知名的任务，如1989年曾将“伽利略号”和“麦哲伦号”行星探测器送入太空，1991年曾将康普顿伽马射线观测台送入太空，1996年美国航天员莎朗·露西德在“和平号”空间站停留了6个月，打破了太空停留的时间纪录，露西德的往返都是由“亚特兰蒂斯号”负责。美国东部时间2011年7月21日，“亚特兰蒂斯号”航天飞机顺利完成了最后一次飞行任务，成功降落在肯尼迪航天中心，之后正式退役，退役后的“亚特兰蒂斯号”将留在肯尼迪航天中心展出。“亚特兰蒂斯号”是美国最后一架退役的航天飞机，它的退役也标志着航天飞机时代的终结。“奋进号”航天飞机是NASA旗下的第5架航天飞机，“奋进号”的名字和“发现号”一样，同样来源于英国著名探险家库克船长曾经搭乘过的一艘船，那是1768年他第一次远征时所乘坐的一艘三桅帆船。“奋进号”于1987年7月31日签署合同，至1990年7月6日建造完成，1992年5月7日首次进入太空。“奋进号”共执行飞行任务25次，环绕地球4429圈，飞行时间超过280天，飞行距离超过1.66亿km。在“奋进号”所执行的任务中，很大一部分是为国际太空站计划服务。2011年5月16日8点56分，“奋进号”在肯尼迪航天中心最后一次发射升空，执行STS-134任务。值得一提的是，此次任务的目的是为国际空间站运送“阿尔法磁谱仪2”，“阿尔法磁谱仪2”项目由华裔诺贝尔奖获得者

“奋进号”航天飞机最后一次发射

丁肇中负责，中国科学家参与了这个项目并倾注了大量心血。完成此次任务后，“奋进号”航天飞机就此退役，之后“奋进号”被运回诞生地洛杉矶，交由位于洛杉矶的加利福尼亚州科学中心收藏。

在航天飞机领域，美国无疑拥有着不可撼动的领先地位，而作为冷战和太空竞赛的对手，苏联虽然所取得的成就远不及美国，但“暴风雪号”在唯一的一次成功试飞中也展现出了不俗的实力，在某些方面超过了美国航天飞机。除了这两个超级大国之外，其他国家也根据自身情况曾经提出了自己的航天飞机设计，其中比较有代表性的是日本的“希望号”和欧洲航天局的“赫尔墨斯号”。从“希望号”这个名字就可以看出日本人对此计划抱有的期待和热情，日本的航天飞机计划受美国航天热潮的影响，起步于20世纪80年代。1987年，日本宇宙开发事业团开始了“希望号”的初步方案研究论证工作。“希望号”作为日本未来航天系统的一个组成部分，采用不载人设计，全程自主飞行，因此比美国的航天飞机小得多，设计长度16m、宽10m、高5m，总质量10t。发射方式与苏联的“暴风雪号”类似，采用日本国产的H-2系列运载火箭运载发射，主要用途是为国际空间站运送货物和释放人造卫星。“希望号”原本计划在1996年实现首飞，但由于资金和技术的限制，进程严重受阻，直至陷于搁浅。“赫尔墨斯号”航天飞机计划最早由法国国家空间研究中心于1976年提出，经过法国宇航工业公司的研究后，于1983年法国建空间研究中心确定采用高超声速滑翔机方案，并以希腊神话中的人物赫尔墨斯命名。1986年向欧洲航天局提交该计划。“赫尔墨斯号”的外形尺寸与日本的“希望号”很接近，长约18m、翼展11m、高约5m，同样采用运载火箭运载发射。与“希望号”不同的是，“赫尔墨斯号”采用载人设计。虽然欧洲航天局一度将“赫尔墨斯号”列入欧洲航天局计划，并愿意为此提供20亿美元的研究经费，但后来“赫尔墨斯计划”还是由于经费和技术问题被迫取消。

“奋进号”航天飞机的最后旅程

# 航天飞机时代的终结

从 1981 年第一架航天飞机“哥伦比亚号”进入太空开始，至 2011 年最后一架航天飞机“亚特兰蒂斯号”退役终，整整 30 年的航天飞机时代结束。究其原因，主要有两点：

其一，安全性较低。整个航天飞机时代全部航天飞机共执行飞行任务 135 次，失事 2 次，美国的 5 架航天飞机中有 2 架坠毁，造成 14 名航天员罹难。这与美国航天飞机最初的设计有很大关系，与飞船位于

“暴风雪号”航天飞机即将在拜科努尔航天中心首飞

运载火箭顶端便于在意外发生时方便航天员逃生的设计不同，航天飞机两侧有两枚固体火箭推进器和外挂燃料箱，航天员被夹在中间，一旦有意外发生便无法逃脱。

其二，耗费资金巨大。从1972年开始计算，美国花费在航天飞机项目上的资金超过1960亿美元，平均每次发射14.5亿美元。而当初之所以研制航天飞机，主要目的就是为了降低太空活动的成本，这种巨额的资金花费与初衷完全背道而驰。除了美国之外的苏联、欧洲和日本，不约而同地采用了运载火箭的发射方式，避免了安全性的问题，但却都因为资金问题导致项目取消。可见，资金问题是航天飞机退出历史舞台最为重要的原因。

虽然从设计初衷和现实的矛盾，以及“哥伦比亚号”和“挑战者号”两次悲剧的角度来看，航天飞机是失败的，但是航天飞机提出了可重复使用航天器的概念，而且可以使未经严格训练的普通人也可以飞上太空，为人类航天事业做出了伟大的尝试，进行了有益的探索，为航天器今后的发展提供了借鉴，在航天飞机时代为航天事业付出心血和生命的英雄们也必将为人们永远铭记。

# 跨越空天的多面手——空天飞机

21 世纪，人类进入了空天时代，空天制胜的观念已经深入人心，各国已经或正在将军事发展的目光投向空天领域，在将空间开发推向一个崭新阶段的重要节点上，一种新型飞行器应运而生，它就是跨越空天的多面手——空天飞机。

空天飞机，顾名思义就是它既能航空又能航天，是航空技术与航天技术高度结合下的一种新理念飞行器，是航空飞机和航天飞机的“混血儿”。速度可在 0 ～ 25 倍声速之间大跨度变化，其设计独到之处就是它同时装有航空发动机和火箭发动机，在大气层外飞行时，它由火箭发动机提供动力，而当其返回大气层后，又

空天飞机概念图

可以像普通战斗机一样在机场跑道上降落。它是集飞行器、太空运载工具及航天器于一身，也可作为载人航天器，自由地往返天地之间，能够重复使用的运输工具。当然，如此大的跨度和工作环境变化需要研发全新的发动机。理论上，空天飞机能够达到完全重复使用和大幅度降低航天运输费用的目的，但从实际情况看，空天飞机在发动机技术、武器作战系统等方面仍处于研究摸索阶段，呈现到世人面前的还是一种相对模糊的景象。

# 德国“桑格尔”空天飞机

1936年，德国火箭科学家在其发表的论文中，提出火箭助推-大气层边缘跳跃飞行，从而增加飞行器航程的概念，后人称为“桑格尔弹道”。其利用火箭将载荷推出大气层，载荷下落在近地空间几乎真空的低阻力下以弹跳方式延长射程。1943年，桑格尔提出了以火箭推动的环球轰炸机的方案，但方案随着第二次世界大战的结束而不了了之。1967年，联邦德国航空企业梅塞施密特-伯尔科-布洛姆，即著名的MBB公司，与容克斯飞机公司按照桑格尔的理论开始研制两级空间运输系统。中间经历过“阿里安5P-Horus”“使神号”（Hermes）等研究工作之后，“桑格尔”空天飞机研究方案才算是正式开始，研究论证过程经历了火箭/冲压机水平起降、火箭/冲压机垂直起降、载人/不载人等各种方案。需要注意的是，基本上所有的研究方案中，“桑格尔”空天飞机都是二级结构的，第一级为有翼重复使用的高马赫数飞行的托运飞机，而第二级是美国航天飞机轨道器式样的轨道级。另外，针对主推机托运飞机采用冲压式发动机和火箭发动机两种发动机类型，研究人员也进行了不同尺寸和不同起飞质量飞行器设计方案。1985年底，联邦德国组织了多家航空科研生产机构，对“桑格尔”空天飞机的飞行制导系统、气动布局、动力装置等部分开展了一系列的研究工作。当时，联邦德国对“桑格尔”空天飞机的前景充满希望，认为以当时世界科技成果的积累，以及相关基础试验数据的横向对比，是具备可行性的，当时欧洲航天局也对“桑格尔”空天飞机方案给予了支持和肯定。与此同时，英国也在进行“霍托尔”空天飞机的研究工作，欧洲航天局采取了双保险的方式，鼓励两国同时进行空天飞机的研究工作。

联邦德国最终确定了以冲压发动机和火箭发动机为动力的水平起降两级结构的“桑格尔”空天飞机研究设计方案。第一级结构采用的是冲压发动机的超声速飞行助推级驮运飞机，驮运飞机全长 164 英尺（50m），翼展 82 英尺（25m），起飞时总质量 350t，着陆时质量为 150t，飞行速度最高能达到 10 倍声速，由 4 台或 6 台涡轮冲压发动机组成，该驮运飞机理论上可重复进行 100 次的飞行。第二级采用的以火箭发动机为动力的小型有翼载人轨道级，轨道级总重 50t，全长 82 英尺，翼展约 40 英尺（12.2m），动力装置为氢氧发动机，推力可达 300 ～ 500kN，轨道器内部大部分空间储存液氢和液氧推进剂，其中液氢箱较大，置于轨道级前部，相对较小的液氧箱则置于液氢箱后面。液氢箱右上部为载荷舱，左上部为机组成员舱。因此，“桑格尔”空天飞机总质量达到 400t，起飞时加速度约为 0.5 倍声速，当飞行速度达到 6 倍声速时，驮运飞机和轨道级分离，驮运飞机返回地面着陆。同时，分离后的轨道级依靠火箭发动机工作，进入近地轨道，按照方案设计，轨道级执行完飞行任务之后，便能够像航天飞机轨道级一样进入大气层并滑翔着陆。

由此可见，一项新的研究需要大量的设计论证和不厌其烦的研究评估，它需要集多位科学家智慧之大

德国“桑格尔”空天飞机概念图

成。据悉，联邦德国航空企业 MBB 对桑格尔研究方案进行了 15 万工时的研究，研究工作包括在速度高达 25 倍声速条件下进行各种风洞类型试验、轨道器的遥控模型空投再入大气层着陆试验等。

一项大型装备的研究工作，离不开技术、资金和政策支持等关键因素，“桑格尔”空天飞机的研制也概莫能外。当时，“桑格尔”空天飞机的研究部门计划于 2000 年左右制造出一架试验性的涡轮冲压式发动机的样机，该样机称为 Hytex，价值 30 亿美元，如此高昂的研发费用不是那么容易获得的，同时相关的技术风险也不得不考虑在内。为此，联邦德国 MBB 公司的桑格尔项目负责人库克策勒谈到，希望加强国际合作，解决相关障碍。谈到国际合作，就不能回避一个强大的时代背景，那就是美苏争霸，美国和苏联对抗的一个重要方面就是军备竞赛，而联邦德国属于美国阵营，但为了利益的需要，也不得不积极主动地与苏联加强沟通，希望能够借助苏联高超声速研究中的风洞等先进试验设施。另外，联邦德国也在加紧联系西方国家，以获取西方国家的帮助，实现研究取得实质化进展，联邦德国当时已经与瑞典、挪威签订了相关的合作协议，奥地利、比利时等国家也表现出了很强烈的合作意向，但即便如此，作为重要角色的法国，由于未能获得法国航天局的合作许可，加之同时代的“赫尔墨斯”航天飞机、“霍托尔”空天飞机等研究计划，都对联邦德国的研究工作造成了一定的财政压力。可以看出，在如此庞大的项目面前，国际合作面临着诸多的政治博弈。

20 世纪 80 年代，欧洲航天局规划的两个先导项目“赫尔墨斯”航天飞机和“阿里安 -5”运载火箭先后投入研制。英国也提出了可重复使用、价格低廉的“霍托尔”空天飞机，与此同时，严谨务实的德国人在此时提出了技术风险低，可以更快实现功能的“桑格尔”空天飞机。根据项目负责单位 MBB 公司的计划，“桑格尔”空天飞机可以在 2005 年完成首飞，整个计划耗资约为 1000 亿美元，项目初衷是欧洲可以获得一种廉价可靠的轨道运输工具，同时还能够拥有全球快速运输的商用货机。但正如之前所说，项目的研究中技术、资金、政治布局等关键因素都在左右或者阻碍着项目进展，其中涡轮冲压组合发动机和超燃冲压发动机技术横亘在研究人员面前，难以逾越，成为技术的一大难点；欧洲航天局“阿里安 -5”运载火箭、“赫尔墨斯”航天飞机、“哥伦布”轨道舱等重点项目也占用了大量经费，迟滞了“桑格尔”空天飞机的研究步伐；而且，东欧剧变、苏联解体等事件，也成了阻碍研究计划的政治因素。各种因素的叠加，最终造成了“桑格尔”空天飞机的研究工作被迫终止，轰轰烈烈的研究计划最终湮灭在历史的长河之中。

但我们不能否定的是，虽然“桑格尔”空天飞机失败了，但它却是一项理论付诸实践的有益探索。成功的路上有着些许挑战，也需要饱尝艰辛的无奈，但正是在一次次的失败，一次次的探索之后，才累积起来了无数的经验，助推着航天事业不断前进，“桑格尔”空天飞机虽然失败，但它也是人类航天史上一颗璀璨闪亮的星，其光芒映照着前方探索进取的路！

美国正在研制的 SR-72 高超声速隐身无人机

## 英国“霍托尔”空天飞机

提起“霍托尔”空天飞机，也是在那个笼罩着军事对抗阴云的年代催生的一项重大项目计划。孤傲理性的英国人经过对世界卫星市场增长趋势的预估评判，结合航天飞机发射费用过高的软肋，同时面对自身运载能力受限等实际，对水平起降、单级入轨的空间运输器开展了广泛的预研，最终“霍托尔”空天飞机研究计划横空出世。

1984 年 8 月，英国宇航公司提出“霍托尔”空天飞机的概念，并且在英国法恩巴勒航空展览会上展出了一架 0.01 缩比模型，“霍托尔”（HOTOL）这一名词在英文中是“水平起降”的缩写。它的特点就是采用了一种全新的空气液化循环发动机，完全利用大气中的氧助燃。按照计划，“霍托尔”空天飞机研制工作需历时 12 年，2 年时间研究设计，2 年时间确定机身机构，4 年时间研究试验主发动机并论证工作性能，最后剩余时间完成收尾工作并投产，1996 年开始试飞，2000 年进行试用，研制期间需要进行 19 次的飞行试验。项目研发费用为 40 亿英镑，英国宇航公司和罗尔斯·罗伊斯公司参与研制。预期目标是英国通过“霍托尔”空天飞机，抢占 75% 的太空运输份额，实现自由出入近地轨道，赴空间站开展科学研究、深空探测、空间侦察以及执行军用卫星发射等任务。同时，第一架“霍托尔”空天飞机计划研制为遥控型，必要时改为载人航天型，即可搭载乘客以便缩短洲际航行时间，又能够完成己方卫星修理维护、对方卫星捕获破坏等工作。美丽的愿景像画卷一般徐徐展开，但后来的举步维艰点醒了英国的美梦，不过在当时，英国人的雄心壮志看似那么坚定不移。

众所周知，发动机是飞机的心脏。而空天飞机的发动机，既不同于飞机发动机，也不同于火箭发动机，它是一种混合配置的动力装置，起飞时吸气式喷气发动机工作，以便能够充分利用大气中的氧，节省氧化剂，待飞机飞到 35 ～ 40km 的高空时，吸气式发动机熄火，火箭式发动机工作，燃烧自身携带的燃烧剂和氧化剂，反之降落时，则发动机工作顺序颠倒。对于“霍托尔”空天飞机的发动机，英国罗尔斯·罗伊斯公司，也就是著名的劳斯莱斯公司的前身，设想了一种新颖的组合式发动机 -RB545 吸气式氢氧发动机，它是高度先进的单一机体式发动机，总质量为 2.5t，兼有喷气发动机和火箭发动机的功能和优点，具备空气喷气发动机和液氢—液氧发动机两种工作状态。起飞时吸气式喷气发动机首先启动，当速度达到 5 倍声速、高度为 26km 时停止工作，这时火箭发动机启动，直至进入 200km 高的近地轨道。

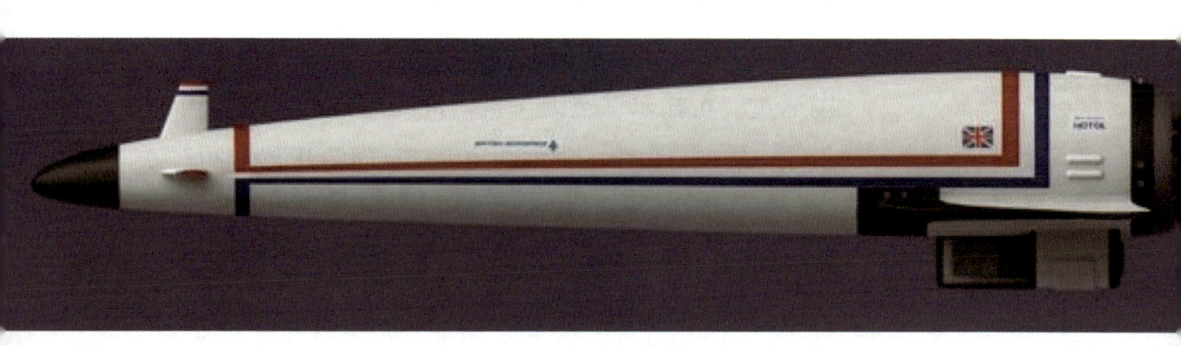

英国“霍托尔”空天飞机想象图

空天飞机一定要具有适合高超声速飞行的气动外形，适用的高超声速外形有乘波体、升力体及翼身融合体等，各种气动外形具有不同的优缺点，如升阻特性、低速气动性能等方面。回归到“霍托尔”空天飞机来说，如果单从外形上来看，“霍托尔”空天飞机与普通飞机并无明显差别，头部是尖细型，中部直径变大，机翼后靠以提高飞机稳定性。进气道设计在机身下方并尽量后靠，目的是为了减少阻力、降低气流速度的影响。同时，为了保持重心稳定，将有效载荷舱放置于液氢贮箱和液氧贮箱之间。由于“霍托尔”空天飞机的起飞质量和着陆质量差别较大，“霍托尔”空天飞机一大设计特点就是起飞时使用多轮火箭发射车，避免将不必要的结构质量带入轨道，据计算，此种设计的效果降低起飞质量达到 70t。

在空天飞机研究过程中，一个不可忽略的重点问题就是气动加热。美国“哥伦比亚号”航天飞机外部隔热瓦受损导致解体坠毁的事故就是一次典型的教训。空天飞机需要多次出入大气层，每次都会与空气剧烈摩擦产生大量气动加热，特别是以高超声速返回再入大气层时，气动加热会使飞行器表面温度升高到几千摄氏度以上，加之气动载荷的影响，一个质量轻、强度好、能够重复使用的气动布局是必不可少的。对于“霍托尔”空天飞机来说，由于其机翼面积较大，液氢燃料密度较低，单位面积质量轻，再入速度较小，这样飞机在返回大气层时的温度不会很高。由于空天飞机需要具备耐高温、良好抗热应力、质量轻、抗氧化等特征，因此任何一种单一材料都无法满足空天飞机整体需要。回归到“霍托尔”空天飞机，其飞机蒙皮的设计采用了金属绝热材料，防热系统金属板间留有一定膨胀缝隙，缝隙下设有密封板。机身下表面采用镍合金制造，机翼等部位采用其他金属材料。

由于空天飞机具有较高飞行速度，为了减轻气动加热的影响，其弹道大部分集中在大气层以外，以减轻气动加热和空气阻力，提高经济性能。当时，研究人员拟定了一个“霍托尔”空天飞机的飞行方案，在起飞阶段由地面火箭发射车起飞，在达到540km/h的情况下，飞机与发射车分离，此后当飞机速度达到5倍声速时，氢氧发动机开始工作，飞机继续爬高。当达到300km高度时，“霍托尔”空天飞机进入工作轨道，可开展卫星部署、空间站交会等工作，当飞行时间达到50h的情况下，轨道飞行结束，在轨道机动系统作用下，飞机速度下降，高度随之降低，此后进入大气层。在距地面25km高度时，飞机开始做滑翔飞行。最后会按照一定速度和角度，在气动力制动器的作用下，完成着陆。

在当时的背景下，英国人急于研制自己的下一代空间运载工具，“霍托尔”空天飞机在此情况下上马，饱含欧洲人民的希望，面对资金和技术等难题，英国人也付诸了大量努力。

1990年，英国宇航公司主动接触苏联，争取借助苏联的航天技术，在苏联安-225巨型飞机上发射“霍托尔”空天飞机，新“霍托尔”方案采用双级发射方式，即用苏联安-225大型运输机作为第1级把“霍托尔”托运到高空，然后分离，“霍托尔”空天飞机靠自身安装的火箭发动机进入太空。这样飞机不必安装吸气式发动机，而采用更高性能的火箭发动机，按照这种设想，“霍托尔”空天飞机结构形式将变得简单可行，技术风险相对也小一些。当时相关人员乐观估计，“霍托尔”空天飞机再过10年就能投入使用。而且在1991年10月的第42届国际宇航联合会议上，英国宇航公司也报告了英苏的研究设想。但最终，该方案也不了了之。

如前所述，一项重大科研项目的开展，绕不开资金、技术和政策等影响，当时“霍托尔”空天飞机项目的研究费用预计40亿英镑，这对于英国人来说是一笔巨大的花费，后来研究团队想将该项目纳入欧洲航天合作框架，同时也希望其他欧洲国家参与，但法国人认为该计划与其本国的“赫尔墨斯”小型航天飞机产生竞争，进而进行政治干预。这样一来，多方面不利因素共同作用，“霍托尔”空天飞机最后被迫终止。

电影《一代宗师》中有一句话，正所谓“念念不忘，必有回响”。1989年，三位参与“霍托尔”空天飞机研究的创始人艾伦·邦德、约翰·斯科特和理查德·瓦尔维尔联合成立了反作用发动机（Reaction Engines）公司，信念的火花未灭，空天飞机研究事业开启新的征程，“云霄塔”空天飞机作为继任者，即将登上历史舞台！

# 英国“云霄塔”空天飞机

“霍托尔”空天飞机虽然失败了，但空天飞机的梦想并没有破灭，科学家们凭借着顽强的毅力和不屈不挠的精神，继续在追求和探索空天飞机梦想的道路上砥砺前行。

前面说道，参与“霍托尔”空天飞机研究的三位创始人在1989年成立了反作用发动机公司，即REL公司，继续开展空天飞机的研究工作，他们将新的空天飞机取名“云霄塔”。“云霄塔”来源于1951年英国建造的一个SKYLON的艺术建筑物，其主体结构是一个被蒙皮覆盖的长棱形钢制框架，由三根插在地上的钢梁和钢缆支撑，虽然该建筑在建成一年之后就被拆除，但由于它象征着利剑般刺破了当时沉闷压抑的环境，给予人们新的希望，因此借此寓意，“云霄塔”缘此命名。

在结合“霍托尔”空天飞机研究经验的基础上，在细致梳理和准确把握各项技术参数过程中，REL公司的科研人员将研究重点首先瞄准了预冷器，这是因为飞行器在高超声速飞行时，由于进气道压缩的空气会使气流温度骤升，这样对飞机内部压气机叶片来说是一种挑战，如何回收气流热量，提高发动机的性能，这就是预冷器需要发挥的作用。这样，对于预冷器的要求，可以说就比较明显，一个是需要将气流在短时间内冷却到适宜温度，另一个就是质量要轻，以节省发射负载。说起来好像步骤简单，但真要达到这个效果，可以说科学家们是经历了漫长的煎熬。从

1989 年开始至随后的几十年时间里，在经过大量的实验室研究和工程研究之后，REL 公司终于研制出了他们想要的预冷器。

从结构上来说，这个预冷器是由大量的薄壁微管道组成的，微管道首尾又各自与一根管道相连，从而构成了微管道模块，模块又排列在圆环状主管道上。这样在空气流过预冷器外壁时，微管道的微小空隙能够进入预冷器，与微管道中流过的冷却剂进行热交换，最后从预冷器中间的通道排出。同时，预冷器还有一项技术就是霜冻控制。通常情况下，吸入空天飞机发动机的气流会被冷却到零度之下，这样凝结成霜容易阻塞冷却通道。REL 公司在经过一系列试验之后，最终确定了一个能够满足霜冻控制指标要求的预冷参数，这样总算把预冷器的问题解决了。

随之而来的是发动机内循环系统，如何能够使发动机在从地面到几百千米的地球轨道稳定提供动力，实现吸气式发动机和火箭发动机模态平稳切换，还需要进一步对发动机进行优化完善。前面所述，“霍托尔”空天飞机的发动机型号是 RB545，“云霄塔”空天飞机的发动机称为“佩刀”（SABRE），这个发动机内循环系统是在 RB545 的基础之上，增加了一个氦循环回路，同时预冷器的冷却介质也改为氦气，在此不再赘述具体的理论过程，只是需要知道，SABRE 这套内循环系统实现了更高效率的热传导和热能循环使用，大大增加了发动机的工作效率。

虽然一定程度上完善了功能优化，但还需要进一步提高 SABRE 的性能，下一步需要下手的就是喷管，为了能够让SABRE的喷管在太空一直保持良好性能，SABRE的喷管就要有高度补偿功能，使其能够从燃烧室出来的气流尽可能一直在接近最佳膨胀状态下工作。在经过一系列的性能试验对比之后，最终膨胀偏转喷管胜出。膨胀偏转喷管就是在火箭发动机喷管喉部放置一个中心塞，离开燃烧室的热气流沿着中心塞表面膨胀。因此，中心塞后形成了与外界联通的空白，这是喷管扩张段内的外界空气和热气流之间的启动分解形成可流动的气动边界。膨胀偏转喷管就是靠流动气动边界的这种变化和喷管外壁内部压力分布的变化来实现高度补偿的功能。

“正入万山圈子里，一山放出一山拦”，想必看到这里，大家一定觉得云山雾绕了，别急，后面还有“娄山关”“腊子口”等着去翻越。接下来就是飞行器不可回避的气动设计问题了，关于气动设计的重要性自不必赘述，翻开历史已经发现很多关于气动设计缺陷出现的航天事故了。远的不说，就是“霍托尔”空天飞机下马，其中就有机身布局设计问题影响了飞行稳定性，当科学家们计划通过增加液压系统以改善稳定性问题的时候，载荷系数严重下降的问题又随之出现，所以飞行器的设计真是一个“牵一发而动全身”的整体。“殷鉴不远，在夏后之世”，“云霄塔”空天飞机在设计时首先就吸取了这刻骨铭心的经验教训，科学家把三角下单翼与发动机都移到了机身的中部，同时将推进剂贮箱分别放置于机身前后部，借此调整前后两个贮箱向发动机供给的流量，以达到改善飞行稳定性的目的。同时，在“云霄塔”空天飞机的主翼

英国“云霄塔”空天飞机

面，科学家采用了主动冷却控制技术，以此缓解热环境问题严重的状况。将发动机置于翼尖，以防止喷出气流影响气动特性。为在上升段大攻角姿态下吸入更多空气，发动机舱前段采取一定程度下弯。可以说，经过一系列的设计调整优化，最终“云霄塔”空天飞机呈现出鸭式布局的大长细比机身设计。

另外，“云霄塔”空天飞机的机身热防护结构也以一种全新理念进行设计，其创新点在于采用了非承载压式的设计，主要的承载机构材料是碳纤维复合材料，推进剂贮箱外壳采用耐高温碳化硅纤维增强陶瓷材料，外壳蒙皮采用碳化硅纤维增强玻璃陶瓷基复合材料，低温推进剂贮箱绝热结构由多箔片隔热毡、空气隙及罐状泡沫隔热材料构成。总体来说，一系列的设计有效提高了飞机的气动热防护功能。

技术层面的问题看似得到了解决，但前面也曾提起，制约空天飞机发展的另一个关键因素就是经济性。2014 年，欧洲航天局曾专门授权对“云霄塔”空天飞机进行了一系列的可行性研究，研究结果认为基于“云霄塔”可重复使用空天飞机的欧洲航天发射活动具备经济可行性。这无疑是一个令人欣喜的消息，毕竟经历了这么多的挫折和失败，能看到突破性进展是令人欣慰和高兴的。针对“云霄塔”空天飞机如何满足市场需求的问题，研究认为市场需求主要集中在高轨道的大型通信卫星，并乐观估计可通过“云霄塔”空天飞机实现政府和企业后续需要发射的各类载荷。研究报告同时指出，“云霄塔”空天飞机最终投入使用的关键在于“佩刀”发动机，如果最终设计和验证顺利，“云霄塔”空天飞机将于 2020—2030 年之间制造并完成首飞。我们期待能够看到拨云见日的那一天，期待付诸大量人力、物力的“云霄塔”空天飞机最终能够顺利翱翔在星空之间，成功与否让我们拭目以待！

# 美国 X-37B 空天飞机

谈起空天飞机，就不得不提到航天实力强大的美国。美国研制的各类航天飞机成功飞入太空，已在事实上成为太空探索的典范。而且近年来，太空在美国国家安全中的战略地位又得到提升，美国认为“谁控制了太空，谁就控制了地球”，在此背景下，空天飞机作为美国追求太空绝对优势的一个抓手，一定会加速发展，其中比较有代表性的就是 X-37B 空天飞机。

X-37B 项目于 20 世纪末开始，由美国著名的波音公司“幻影工作室”负责研发。2004 年，该项目由美国国防高级研究计划局接管，空军快速能力办公室负责项目管理，空军第 3 太空试验中队负责在轨试验，第 30 太空连队负责返回着陆。该飞机由火箭发射进入太空，是第一架既能在地球轨道上飞行，同时又能够进入大气层的航空器，其最高速度可以达到 25 倍声速以上，常规的军用雷达技术根本无法捕捉。值得一提的是，X-37B 项目被视为美国航天飞机退役后的继任者，是为了弥补美国在 200km 到 400km 轨道高度出现的力量空缺。为了实现“1 小时打遍全球目标”的全球快速打击概念，美国将 X-37B 项目作为美国全球快速打击计划的重要武器平台，希望利用 X-37B 无人驾驶、天地往返、长期驻轨、快速反应等优势，以实现遂行航天侦察、通信指挥、空间对抗、远程精确打击等多样化任务。可以预见，如果 X-37B 空天飞机一旦真正实现作战部署，它将有力地加快美国太空军事化的进程，成为美国追求太空绝对优势的一支重要力量，成为美国谋求世界霸权、维护战略利益的一把利刃，其深远影响不可小觑。

X-37B 空天飞机总质量约为 5t，搭载有效载荷能力为 2t，设有有效载荷舱，但没有装载机械臂。该机长约 8.9m、宽 4.6m、高 2.9m，如果拿航天飞机进行对比，X-37B 空天飞机的尺寸约为航天飞机尺寸的 1/4。其轨道高度为 204 ～ 926km，推进系统采用四氧化氮 / 肼燃料，使得该机具有较强的空间机动和离轨能力。在飞机进入空间轨道后，能够打开有效载荷舱门，展开太阳能电池阵，由太阳能电池阵为其供应所需电力。该机可在 30 ～ 100km 的临近空间中作超声速飞行，飞行速度为 25 倍声速。对此，我们对 X-37B 空天飞机有了一个基本参数上的认识。

谈及 X-37B 空天飞机性能，首当其冲的就是高超声速，X-37B 空天飞机装有一台火箭发动机，使得 X-37B 空天飞机能够在近地轨道上以 25 倍声速高速飞行。试想一下，远程轰炸机的平均速度不会超过 2 倍声速，如果飞行距离过长，很容易被反导系统拦截，对比 X-37B 空天飞机，那么其卓越的速度优势瞬间令其变身为一种超级武器。

另外，追根溯源考虑该飞行器的设计初衷，一个重要目标就是制造能够在太空机动飞行，X-37B 空天飞机有一个轨道机动 / 反作用系统，其尾部具有推力强大的主发动机和大容量的燃料箱，足够支撑起大范围的机动变轨，可以想象，该机伸展的机翼在大气中又可以像飞机一样具有滑翔和横向飞行的能力。如下图所示，位于 X-37B 空天飞机尾部的轨道机动系统主火箭发动机与位

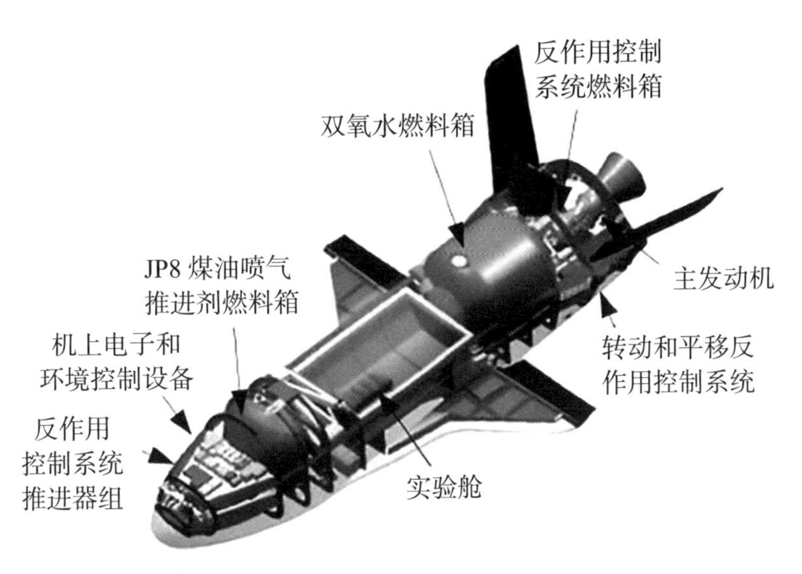


X-37B 空天飞机系统分布图

于机头和机尾各一组反作用控制系统推进器共同实现X-37B 空天飞机的机动能力。轨道机动的动力主要来自主发动机，它为飞行器进入轨道、轨道矫正、轨道转移、逼近其他飞行器和返回时脱离轨道提供推力。

值得称道的还有 X-37B 空天飞机的长时间续航能力，从 2010 年起，X-37B 空天飞机共进行了 5 次 225 天到 780 天不等的飞行。最近的一次是 X-37B 空天飞机从 2017 年 9 月被放置轨道后，破纪录地在太空中逗留了 780 天，并于 2019 年 10 月 27 日在肯尼迪航天中心完成着陆。美国空军前部长希瑟威尔逊曾说，X-37B 在宇宙中非同寻常的机动能力将会“让敌人发疯”。这不得不令人猜想到底是什么样的设计能够让 X-37B 空天飞机具有如此强大的续航能力？由于美国将 X-37B 空天飞机所有细节均予以保密，我们无从得知，但我们可以推测的是 X-37B 空天飞机的机载燃料一定十分充足，X-37B 起飞质量为 5t，这样运载火箭能够允许它将更多燃料带入轨道，而且入轨前几乎没有消耗燃料。而返回时其脱离轨道仅有一次，这样所消耗的燃料也十分有限，因此我们有理由推测绝大部分燃料是进入轨道后供应给了机动变轨使用。从X-37B空天飞机系统分布图中，我们也可以看出，燃料箱所占体积几乎和飞行器载荷舱大小差不多，这样就可以保障多次变轨和延长在轨时间的需要了。

我们多次谈到，空天飞机的热防护系统是空天飞机设计的一个重要方面，X-37B空天飞机也不例外，其机身采用的是一体化的石墨/聚酰胺构架，同时减少防热瓦和防热毡的使用量，这样相比于传统的金属构架，新型的石墨构架能够有效降低飞行器质量，更重要的是提高了飞行器结构的整体热防护性能。X-37B空天飞机热防护系统使用了增韧单体纤维抗氧化陶瓷瓦，这使其最高承受温度在1700℃以上，在高动压、高温环境下机体迎风面上采用了可重复使用的绝热毡，最高温度可到1320℃。另外，在襟翼上采用碳/碳化硅陶瓷基结构，而襟副翼采用碳/碳化硅和碳/碳陶瓷基结构，方向舵采用碳/碳陶瓷基结构。毋庸置疑，这些都是根据热防护结构需要，结合实际情况配置的热防护计算最优结构材料。

作为世界上唯一可以重复使用的多功能天基无人试验平台，X-37B空天飞机已经真正进行了多种前沿技术的实战性检验，其独特优势和尖端能力已初现端倪，美国战略司令部海顿上将曾称其“具有改变战局的能力”。前面提到，X-37B空天飞机可以从事情报收集、发射小卫星、测试太空设备等工作，具有飞行速度快、滞空时间长、发射费用低等优点。另外，还拥有强大的侦察和攻击潜力，这让 X-37B 空天飞机获得了“空天战机的雏形”的称号。该机可搭载导弹、激光发射器等先进武器实施远程精确打击，在 X-37B 空天飞机升空后可迅速到达全球任何目标的“上空”，利用自身携带的武器对敌国卫星和其他航天器进行控制、捕猎以及摧毁，这使得 X-37B 空天飞机可以成为空间轨道上的轰炸机。同时，X-37B 空天飞机能够搭载多种侦察设备，在高空对海、陆、空目标及外太空目标进行侦察，并将侦察信息实时传递给作战单位，换个角度想，如果 X-37B 空天飞机性能可靠，那么 X-37B 空天飞机可以快速大量部署低轨道侦察卫星。综上，X-37B 空天飞机可以大大增强美国的战略威慑能力，不失为一种恐怖机器，在对世界各国构成军事威胁的同时，也无疑会引发新一轮的军事竞赛。我们或许即将进入“太空武器时代”，这绝非危言耸听。

X-37B 空天飞机

# 7

# 影响战争的太空幽灵——军事卫星

在浩渺的宇宙中，有一些围绕行星转动的天然天体，我们称之为卫星，而环绕地球在空间轨道上运行的无人航天器，我们称之为人造地球卫星。科学家用火箭把它发射到预定的轨道，使它环绕着地球或其他行星运转，以便进行探测或科学研究。围绕哪一颗行星运转的人造卫星，我们就叫它那一颗行星的人造卫星，如常用于观测、通信等方面的人造地球卫星。

苏联第一颗人造卫星

第二次世界大战结束之后，美苏两个超级大国为了冷战的需要，不断提升军事水平，其中就包括卫星的研制与发射。1957 年 10 月 4 日，苏联宣布成功发射了世界上第一颗绕地球运行的人造卫星并成功送入轨道，该卫星呈球形，直径 58cm，重 83.6kg，随后美国、法国、日本等国家也相继发射了人造卫星。

1970 年 4 月 24 日，“长征一号”运载火箭成功地将中国第一颗人造卫星“东方红一号”送入太空，值得一提的是，“东方红一号”卫星在质量上超过了苏美的卫星，该卫星直径约 1m，重 173kg，沿椭圆轨道绕地球运行，运行周期 114min，值得一提的是，超过了苏联、美国、法国、日本第一颗人造地球卫星

"东方红一号"人造卫星

的质量总和。由于当时国家经济困难，"东方红一号"卫星的研究工作并不是一步到位，我国从 1960 年开始的探空火箭的试验研究工作，算是人造卫星研发的起点，在随后"文革"等动荡岁月，一大批科学家、技术人员、工人师傅在测试设备少、试验设备不齐、加工设备不足等多重困难的情况下，坚持不懈、百折不挠，最终成功地将中国第一颗人造卫星送入太空，"东方红一号"卫星的发射成功，不仅为中国航天技术的发展打下了极为坚实的根基，而且带动了中国航天工业的兴起，使中国的航天技术与世界航天技术前沿保持同步，标志着中国进入了航天时代。

人造卫星按照用途可分为三个大类：科学卫星、技术试验卫星和应用卫星。

科学卫星主要包括空间物理探测卫星和天文卫星，用来研究高层大气、地球辐射带、地球磁层、宇宙线、太阳辐射等，并可以观测其他星体，如“中华卫星一号”。

航天技术中有很多新原理、新材料、新仪器，其能否使用，必须在天上进行试验，一种新卫星的性能如何，也只有把它发射到天上去实际“锻炼”，试验成功后才能应用，这种进行新技术试验或为应用卫星进行试验的卫星称为技术试验卫星。

通常情况下，种类最多、数量最大并直接为人类服务的卫星，主要包括通信卫星、气象卫星、侦察卫星、导航卫星、测地卫星、地球资源卫星等，我们称之为应用卫星。

如果按轨道高度对卫星进行分类，又可分为高轨道卫星、中轨道卫星、低轨道卫星、地球同步卫星、太阳同步轨道卫星等，简单地说，由于卫星环绕地球的方式和速度不同，卫星的轨道也不一样，卫星离地球近，称为低轨道卫星，反之则称为高轨道卫星。一般来说，高轨道卫星需要的技术较高，而低轨道卫星则较低，卫星轨道越高，卫星的运转速度越慢，如果我们发现卫星在天空中静止不动，这种卫星称为地球同步卫星。

美国发射的 40 多颗定位卫星，可以用于地球任何位置的地面定位，也就是我们经常说的“全球定位系统”（GPS）。

中国北斗卫星导航系统是中国自行研制的全球卫星导航系统，也是继 GPS、GLONASS 之后的第三个成熟的卫星导航系统。北斗卫星导航系统可在全球范围内全天候、全天时为各类用户提供高精度、高可靠

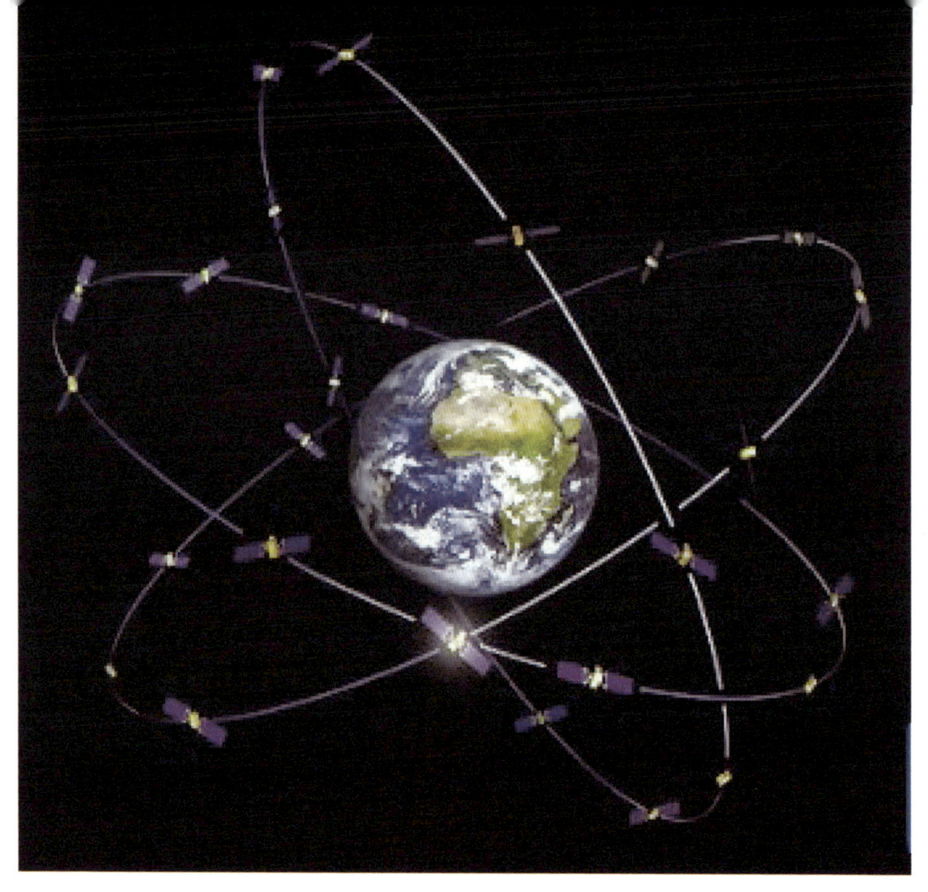

北斗卫星导航系统示意图

定位、导航、授时服务，并具备短报文通信能力，已经初步具备区域导航、定位和授时能力。北斗系统提供服务以来，已在交通运输、农林渔业、水文监测、气象测报、通信时统、电力调度、救灾减灾、公共安全等领域得到广泛应用，融入国家核心基础设施，产生了显著的经济效益和社会效益。

总而言之，人造卫星是目前世界上发射数量最多、用途最广、发展最快的航天器。

## “先锋1号”与美国DARPA的成立

众所周知，美国的航天实力是世界上最强的，那么我们就先从美国的人造卫星开始，在此我们选择了最具代表性的“先锋1号”人造卫星。可以说，在“先锋1号”人造卫星身上具有很多开创性的意义，它承载了太多的故事和传奇。

要论目前世界上最长寿的卫星，当属美国在1958年3月17日发射的“先锋1号”，虽然在“先锋1号”人造卫星之前，还有苏联的“人造地球卫星1号”和“人造地球卫星2号”以及美国的“探险者1号”。但“先锋1号”厉害之处就在于与它同期的卫星已经湮灭在宇宙之中，它却依然在轨飞行。同时，它还是世界上第一颗太阳能卫星，不得不说，这颗卫星开启了太阳能电池在太空领域的新时代。

同时，“先锋1号”人造卫星尺寸也比同期的其他人造卫星小了很多，它的直径为16cm，质量约为1.5kg，听上去很小是吧？的确是很小，要知道世界上第一颗人造卫星尺寸为58cm，质量为83.6kg。难怪苏联领导人赫鲁晓夫直接称呼它为“柚子卫星”，市场上的柚子的确就和它差不多大小。按照最初设计，它能够停留在太空中达2000年的时间，但真正经历了太空中太阳光压和大气阻力等实际情况影响后，科学家们客观地评估其寿命约为240年，但由于它发射时间早，只要还没有脱离轨道，那么它就稳居最长寿的卫星这把交椅。到了1964年，“先锋1号”人造卫星完成了它的使命，卫星的太阳能电池报废，停止向地球发射信号，如果我们想找到它，那么只能通过地面上的光学设备进行跟踪。

说到“先锋1号”的用途，其实科学家们设计它的初衷是为了追踪监控和发射数据，同时兼顾一定的科学任务。简单地说，就是利用地面接收到的无线电信号与设计好的发射信号比较，计算卫星到地面接收站之间的电子总含量。另外，“先锋1号”上的两个热电阻，可以测量卫星内部温度，从而达到衡量小型卫星热保护系统有效性的目的。

“先锋1号”是1958年3月17日发射的，在此我们必须引入一个组织，那就是美国国防高级研究计划局（Defense Advanced Research Projects Agency，DARPA）。它是于1958年2月成立的，这么看是不是“先锋1号”和美国DARPA之间有着某种联系呢？答案是肯定的。时间追溯到1957年10月4日，苏联发射了“斯普特尼克1号”卫星，这在当时美苏争霸的背景下，对美国人来说不啻一道晴天霹雳，震慑了美国人骄傲的心灵，这颗由洲际弹道导弹技术送入太空的卫星，意味着苏联能够很快制造出携带核弹头，穿越半个地球打击美国境内一切目标的武器。因此，当时的美国总统艾森豪威尔在国防部长的建议下，经过一系列的筹划思考，创立了一个组织，这就是美国国防高级研究计划局，其成立初期的主要研究领域集中在航空航天、弹道导弹防御和核试验探测等方面。正如DARPA自述，“从1958年创立起，DARPA的最初使命，是为了防止如同‘斯普特尼克’发射的科技突袭，这标志着苏联在太空领域打败了美国。这个使命宣言也随着时代而演进。”值得一提的是，该机构的负责人是宝洁公司前总裁、以“肥皂剧之父”之称的尼尔·麦克罗伊，也正是这个跨界天才的创新性思维，使得美国 DARPA 产生了很多惊世骇俗的技术作品。麦克罗伊曾说：“今天，DARPA 的任务仍然是防止美国遭受科技突袭的同时，也针对我们的敌人创造科技突袭。”从他的这段话中我们可以看出，美国 DARPA 不是一个一般的研究机构，事实上，它是隶属于美国国防部的一个独立机构，直接对美国国防部主管国防技术和装备的副部长负责，某种程度上，它所承载的就是美国科技创新的使命。目前，美国 DARPA 有 200 余人，直接管理着较大数额的科研经费预算。工作人员多为各个学科的一流专家、学者，而且这些工作人员往往也是技术狂热者和不拘一格的年轻科学家，一个个技术想法可能只需要短暂的交流，就可以获得千万级的项目资助经费。值得一提的是，美国 DARPA 不从事具体研究工作，项目主要委托各大学或专业研究机构，类似于风险投资，长年累月之后，项目成功率比较低下。但不可否认的是，美国 DARPA 从组建之日起，在那些仅有的成功项目中，产生了很多给世界带来巨大变化的项目，也对世界上许多科技成果产生重大而深远影响，带动了第三次工业革命浪潮，催生出信息技术产业。目前我们熟知的互联网、无人机、人工智能等，都与这个机构有着直接关系。

短暂交流之后就能够获得千万美元的经费，项目成功率徘徊在 2% 左右的水平，让一切看起来似乎有些荒诞离奇，但是美国 DARPA 绝对不是一个花花公子的游乐场。它实行任期制的管理模式，每年大约雇佣 120 名项目经理，任期在 5 年左右，这样做的目的就是为了源源不断地将新理念和新思想引入 DARPA，同时项目经理每年负责 1000 万～ 5000 万美元的项目经费，而且在经费支配方面拥有非常高的自主权。项目经费看似充足，但这种短期任职的方式也在时刻提醒项目经理，必须充分利用时间抓紧处理各项工作。正如该机构信息创新办公室的项目经理迈克·沃克所说："感到时间的流失才是核心。这是人们探索未知领域的动力，促使人们提出建议，构建原型及全部。"显然，这种看似夸张的技术创新，加之人员流动过快，一定会造成项目发展衔接的障碍，导致连续性发展和技术融合受限，后果就是项目成功率较低，很多技术后续推动困难，难以融入真正的商业应用之中。

读到这里，我们不禁疑问，为什么 DARPA 能有这么多奇思构想呢？其实，不拘一格的创意模式也是他们能够维持工作运行的一大特色，从科幻大片寻找灵感，在各类新技术大赛中搜集创意，举办活动发掘想法。从寻常生活中多一分关注的同时，DARPA 也与专业的智库进行合作，像举世闻名的兰德智库、国防咨询小组等各类组织。

同时，在仅有 200 余人的组织中，唯有清晰的规划和精干的运营模式，方能高效运行，这方面他们占据了顶端的项目管理和投资工作，剩下的具体工作则采取了协作运行的模式，DARPA 在此扮演的好像是一个指挥家的身份。另外，DARPA 的另一大特色就是军民融合，DARPA 将军队认可作为一个重要衡量因素，认为无论什么新理念，只有被军队和社会认可，并投入使用，才能够真正做到改变。为此，他们成立了专门的办公室负责此项工作。

当然，任何一种工作运行模式，都会引起各种评论和质疑。总的来说，DARPA 的运行模式体现出思维超前、理念新奇、管理运行高效化的特征，也正缘于此，导致了 DARPA 的项目与美国各军种现实需求不符，进而受到来自军方的反对。虽然建立这个机构的初衷是美好的，但实事求是地说，也正是由于 DARPA 项目经理更迭速度过快，甚至出现项目未能写出详细总结报告的情况，如果能够稍稍回归一下现实，让 DARPA 能够采取一些更加贴近实际的工作方法，或许这样会平息来自美国国会和军方的众多质疑。但如果真的这样，还是真正加速世界科技变化的那个美国 DARPA 吗？我们无从知晓。

# “发现者计划”与美苏冷战

侦察卫星，这个从太空窥探地球的科技产物，在为特定国家实现目标任务的同时，也被各个国家不断改良升级以实现自身的利益追求。纵观世界发展，每一次的战争都渗透着侦察卫星的身影，“海湾战争”“伊拉克战争”等各种局部战争中，美国、欧洲等各类侦察卫星大打出手、各显其能，侦察卫星服务战争需求已然是现代军事装备系统及现代战争的基本特征之一。

照相侦察卫星，作为侦察卫星家族的一员，是利用光电遥感器对地面摄影以获取军事情报的侦察卫星。它是利用安装在卫星上的照相机、摄像机或者其他类型的成像装置，通过对地面摄影以达到获取信息的目的，获取的情报信息通常记录在胶片或者磁记录器上，通过回收舱回收或接收无线电传输的图像获取信息，经加工处理后，判读和识别目标的性质，并确定其地理位置。

20 世纪 50 年代末，美国时任总统艾森豪威尔在得知美国对苏联军事能力的情报估计严重不足，而且由于苏联等国家严密的保密体系使得西方国家难以有效获取信息的现实窘状下，批准了由美国中央情报局科学技术局在美国空军的协助下开发的一项最优先的侦察卫星系统。在 1959 年 6 月至 1960 年 12 月期间，该侦察卫星系统经历了一连串的失败，首先是发射系统，继而是卫星和回收系统，最后是相机和胶卷，最终美国克服了困难，成功研制出该套卫星侦察系统。此后，从1960年到1972年5月，它被用于苏联、中国和其他地区的摄影监视，该项目的代号为CORONA，也被翻译成“科罗纳”卫星侦察计划。但为了掩盖其真实目的，它的表面名称为Discoverer，也就是本章所说的“发现者计划”，这一计划也为了保持高度的保密性而被包装描述为科学技术研究和项目开发。

让我们细数一下“发现者计划”的发展历程，1959年2月28日，美国发射了世界上第一颗照相侦察卫星“发现者1号”卫星，这颗卫星属于试验性侦察卫星。1960年8月10日，美国又发射了“发现者13号”试验侦察卫星，8月11日，“发现者13号”试验侦察卫星接受地面指令控制，弹射出一个装有照相胶卷的密封舱，再入大气层，并在海上回收成功，这是人类从太空收回的第一卷照相胶卷。1960年8月18日，美国成功发射了照相侦察卫星——“发现者-14”，这颗卫星的出现，更加凸显了其投入使用的实际意义。照相侦察卫星的出现，使天空之战大幕悄然拉开，人类在战争中又多了一个天兵神器。

“发现者”卫星作为美国的第一代照相侦察卫星，采用可见光照相和胶片舱再入大气层返回工作方式，其用户是美国中央情报局。以“发现者-14”卫星为例，该卫星质量为771kg，运行在远地点702km，近地点259km，倾角为82.9° 的轨道上，它由推进剂加压系统、回收舱、计算机、惯性参考平台、水平扫描仪、自爆装置、氮气和氧气瓶、发动机、氧化剂和燃料组成，其中回收舱由反推火箭、推进剂贮箱的锥形外壳、稳定喷嘴、降落伞和辐射金属箔片、降落伞罩、爆炸螺栓、闪光灯、回收胶卷尾罩、仪器舱、无线电信标机（内部）、烧蚀再入罩、胶卷回收舱、低温气体箱和爆炸螺栓构成。

“发现者 -14”卫星所携带的 1082m 长的胶片拍摄了导弹发射场等大量有价值的军事设施，证明了卫星侦察手段的可行性。也正因此，“发现者”卫星代替了美国的 U-2 高空侦察机，成为美国进行大范围照相侦察的唯一手段，为美国获取了大量重要的军事情报。值得一提的是，美国 U-2 高空侦察机曾被我人民解放军击落，打破了 U-2 高空侦察机不败的神话。

“发现者”计划卫星数量多，卫星性能指标差别也比较大，分辨率从最初的 170m 提高到后来的 1.5m，卫星的寿命也从 5 天延长到 20 天。这些卫星都是返回型卫星，所以返回技术是整个卫星研制计划的关键。如果落点掌握不好，很容易丢失返回舱，更可怕的是可能会让对手捡到这个舱。美国军方经过专门研究，通过用两架飞机伸出专用勾来抓住已经进入大气层的返回舱及用舰船和直升机打捞漂浮在海面上的返回舱等方法解决了返回舱回收问题。

凡事有利有弊，当我们面对一系列的技术优点之时，总是夸大其能力，但作为一个武器装备不可能完美无缺，航天装备的发展更是一点点迭代优化的过程，正所谓“发现问题、解决问题，反复多次，不断提升”。在此，我们大可以说说“发现者”卫星在 1966 年露了一次大怯。当时，美国用一颗“发现者”卫星监视苏联军队出现的异常集结情况，可惜等卫星返回，判读人员分析出结果时，苏联的坦克早已经开进了匈牙利。这也就从一个侧面反映出，信息时效性是衡量作战效能的一个重要指标，也是必须着力解决的一个重要问题。当时，为了提高信息的时效性，美国的科研人员也想了很多办法，将原来的 1 个胶卷舱改成 2 个，甚至秉持着“多多益善”的理念增加到了 4 个。这样，可以选择时机逐个返回这些胶卷舱，这样也就提高了卫星照片的时效性，缩短了卫星照片的周期。自此，我们可以看出，这种改变只是有限的改进，如果想要获得更好的效果，那么必须系统性地革新科技创新理念，研究更加新型的照相侦察卫星，后来能实时将信息传回地面的照相侦察卫星便是证明。

自 1960 年美国成功发射世界上第一颗照相侦察卫星以来，该种类型的卫星在现代战争中的作用日趋增加，美国也从 1962 年开始了 KH(keyhole“锁眼”) 系列卫星研制计划。其中“发现者计划”的卫星 KH-1、2、3、4 为第一代。

任何武器装备的诞生，都有一个时代背景的衬托，卫星作为一个时代的科技产物，也反映出当时的时代特征和客观需求，在此，我们结合当时的时代背景加以阐释和介绍。

20 世纪 60 年代，这个时代背景就是“美苏冷战”，美苏冷战在时间上来说，从 1945 年第二次世界大战结束到 1990 苏联解体的这段时间，以美国为首的北大西洋公约组织成员国和以苏联为首的华沙条约组织成员国之间在政治和外交上全面对抗。第二次世界大战结束后，由于美国经济、军事实力居于世界第一位，其称霸全球的野心日益膨胀，为了遏制以苏联为代表的社会主义国家，从政治上提出了杜鲁门主义，经济上推行援助西欧的马歇尔计划，军事上建立北大西洋公约。而苏联作为社会主义阵营的领头羊，也不可能坐以待毙，相应地政治上成立了“共产党和工人情报局”，经济上与东欧国家成立了经济互助委员会，军事上和东欧 7 国成立了华沙条约组织。在美苏冷战对抗过程中，美国和苏联通过以高技术为核心的军备竞赛，一轮一轮的高精尖武器自此诞生，但经济力量相对落后的苏联在对抗中逐渐被拖垮。

值得一提的是，正是由于照相侦察卫星的出现，1961 年，美国从侦察的情报中发现，苏联方面所宣称的所谓美苏导弹差距其实并不存在，这也为美国赢得了外交上的主动权。到了 1962 年，美国照相侦察卫星发现了苏联在古巴建造导弹发射场，进而引发了 20 世纪著名的古巴导弹危机。

我们上面介绍过“发现者计划”，作为美苏冷战的主角，苏联继美国之后，于 1962 年 4 月 26 日成功发射了首颗照相侦察卫星“宇宙 -4 号”。苏联的照相侦察卫星，也可以说是光学侦察卫星，一共更新升级了 6 代，第 1 ～ 4 代为胶片回收型光学成像卫星，其中第 1 ～ 3 代的分辨率为 1 ～ 4m，第 4 代采用两台相机，分辨率达到 0.3m。第 5 代属于可机动的高分辨率传输型卫星，带有光电遥感仪器，也就是我们经常说的 CCD 相机，这也就使得该型号的卫星具有了实时侦察能力，该型号卫星重约 6700kg，其地面分辨率大于 3m，是类似于美国“锁眼”系列卫星 KH-11

的普查卫星。第6代照相侦察卫星装有高性能的光学系统及可供实时数字图像传输的现代电子设备，可提供实时数字图像，具有多次变轨能力，可以降低到距离地面150km的高度进行清晰照相，也可以抛下回收型胶卷舱，这样使其具有了更加优秀的双重可选择功能。

回首不到百年的侦察卫星发展史，正是由于照相侦察卫星的出现，进而发展到现在电子侦察卫星、导弹预警卫星、海洋监视卫星和核爆炸探测卫星等各种类型，但由于照相侦察卫星发展得最早、发射量最多，技术最为成熟，已经成为航天大国越来越依赖的一种重要的侦察技术手段。

古巴导弹危机

# “天基红外系统”高轨预警卫星

我们知道，美国作为军事大国和军事强国，各种新型装备和武器层出不穷，研究“矛”的同时，也必然找到抵御“矛”的“盾”。例如，从导弹研究方面，美国煞费苦心，投入大量的人力、物力，也取得了较好的效果。但同时，也必须警惕导弹的侵袭，这就随之产生了导弹防御系统。据统计，美国在导弹防御系统上的年度资金投入在百亿美元的规模。巨大的投入产生了较为卓著的效果，“天基红外系统”高轨预警卫星就是典型代表。

提到“天基红外系统”高轨预警卫星，就不得不提到发生在20世纪90年代初的海湾战争，这场因中东海湾地区石油资源而引发的争端。1989年11月，伊拉克武装侵占科威特，引发了海湾危机，成为海湾战争的直接导火索。1990年8月1日，伊拉克和科威特围绕石油问题宣告破裂，这直接导致时任美国总统布什认为，当时的伊拉克对美国的国家利益“构成了真正的威胁”，最终以美国为首的多国部队以较小的代价重创了伊拉克军队，伊拉克最终接受了联合国决议，从科威特撤军。

1991年，美国曾经尝试利用“国防支援计划”卫星探测“飞毛腿”小型地区导弹的发射，但是这些导弹的助推时间更短并且特征不明显，因而更加难以探测。对此，美国国防部根据其在海湾战争期间的作战情况分析，通过伊拉克发射短程导弹的经验，得出结论认为，需要扩大导弹的预警能力，也正是在此背景下，美国开始计划改进红外卫星传感器，以达到支持导弹预警和防御行动的能力。1994年，美国国防部开展了巩固各种空间需求的研究，这就是“天基红外系统”（SBIRS）高轨预警卫星，作为美国的新一代反导预警卫星，美国准备用“天机红外系统”来代替美军的“国防支援计划”预警卫星。不得不说的是，此前“国防支援计划”预警卫星已经运行了30多年，美国也曾经采用了多种方式试图替代，如1980年初的高级预警系统，1989年后期的BOOST监视和跟踪系统，以及1990年初的跟进预警系统，但由于技术不成熟，成本负担较高，这些尝试性的研究最终以失败告终。

“天基红外系统”最初的论证设想是由静止轨道卫星、低轨道卫星以及大椭圆轨道搭载的有效载荷组成复合型星座，对弹道导弹的主动段、飞行中段和再入段进行全程探测。2002年美国国防部对该项目进行了调整，将低轨道卫星系统从项目中分离，作为在轨技术演示验证项目，交由当时新成立的导弹防御局，并更名为“空间跟踪与监视系统”。静止轨道卫星和大椭圆轨道的有效载荷仍由美国空军负责，名称也仍旧是“天基红外系统”。

“天基红外系统”主要由天基段和地基段两部分组成。天基段分为高轨卫星（含SBIRS-GEO与SBIRS-HEO）与低轨卫星（SBIRS-LEO），高轨卫星主要用于主动段的侦察与监视，低轨卫星主要用于搜索和跟踪导弹目标中段飞行时的发热弹体和冷再入弹头。“天基红外系统”通过高轨卫星与低轨卫星组网，可实现对战术和战略导弹发射的助推段、中段飞行阶段、再入阶段的全程探测与跟踪，并达到对目标的全球覆盖。具体来说，“天基红外系统”高轨预警卫星采用双探测机制，首先使用高速“扫描”型探测器，探测到地球上导弹发射时产生的尾焰，如果确认了目标，就将信息传输给“凝视”型探测器，由“凝视”型探测器放大观察，进一步确认目标型号与运动轨迹，这样的设计理念最终使得预警卫星的更新换代得以实现。“天基红外系统”的低轨道星座包括24颗低轨道卫星，这个项目源自更早的“亮眼计划”，主要用于执行对弹道导弹飞行中段的精确跟踪任务，并提供将弹头从诱饵和弹体碎片中区分出来的识别能力，并可直接向拦截弹提供目标引导数据。可以说，“天基红外系统”的高轨道和低轨道部分合作提供了覆盖全球的探测跟踪能力。

“天基红外系统”高轨预警卫星发射质量为450kg，设计寿命为12年，卫星由平台和有效载荷舱两部分组成。平台采用洛克希德·马丁公司的A2100M军用型卫星平台，该平台由A2100公用平台改进而来，针对军事应用进行了加固和改进。在卫星平台的两侧带有2幅太阳翼，采用砷化镓太阳电池，发电功率为2800W。卫星采用三轴稳定方式，姿态控制精度为0.05°。定轨用全球定位系统接收机则采用抗干扰防欺骗接收机。有效载荷舱南北两侧各安装有一副双频段波束天线，在卫星东西两侧还安装有S频段全向天线和地球覆盖天线。

“天基红外系统”目前由4颗地球同步轨道卫星

（GEO）和 2 个大椭圆轨道探测载荷（HEO) 组成，从大椭圆轨道上，红外探测器能够发现任何高度上的导弹和火箭发射。据统计，“天基红外系统”高轨预警卫星最早发射上天的是 HEO-1 卫星，该卫星于 2006 年 6 月 28 日，由 Delta-4 号运载器携带，目前处于正在服役的状态。而 HEO-3 于 2014 年完成校验，HEO-4 号也被披露处于完成研制阶段。GEO-1 号于 2011 年 5 月 7 日完成发射，其运载器是 Altas-V 型，2013 年 3 月 19 日发射的 GEO-2 号卫星目前也在正常服役，GEO-3 号卫星和 GEO-4 号卫星已经完成发射，而 GEO-5 和 GEO-6 号正在研制当中，计划 2021 年和 2022 年发射。美国最终希望通过 20 颗以上卫星组成导弹预警卫星星座，以达到覆盖全球的目的，而且整个星座将利用星座通道联网，允许每颗卫星与星座中的所有其他卫星通信。

“天基红外系统”是美国弹道导弹预警系统中关键的组成部分，但研制过程中面临诸多难题，根据美国政府的评估报告，“天基红外系统”预算从最初的 40 亿美元快速膨胀到 120 亿美元，即便如此，还存在技术不成熟、软件复杂性过高以及项目监管不力等诸多问题。“天基红外系统”的进度更是屡次拖延，原定第一颗高椭圆轨道卫星于 2001 年交付，第一颗静止轨道卫星于 2002 年交付，但实际上分别拖延了 7 年和 10 年，但不得不承认，“天基红外系统”在未来的很多年内依然是美国唯一的天基红外预警监视项目。可以说，美国为了完善“天基红外系统”，已经先后投资近百亿美元，值得一提的是，美国已经委托诺斯罗普·格鲁曼公司负责研发卫星探测器，已经开始陆续发射 GEO 系列地球同步轨道卫星，目前已经初步形成了遍及全球的导弹预警网络。

对于“天基红外系统”高轨预警卫星，我们一定要注意，该套卫星系统除了天基卫星之外，还包括一系列地面站设施，这些地面站设施主要有美国本土的地面控制站（MCS）、备份任务控制站（MCSB）、抗毁任务控制站（SMCS）。另外，还包括海外中继地面站（RGS）、抗毁中继地面站（SRGS），以及多任务移动处理系统（M3P）和相关通信链路。同时也包括训练、发射和支持性基础设施。据资料显示，其中重要地面站设立在美国的伯克利空军基地。这些设施设备一起协同运行，共同完成“天基红外系统”的使命。

“天基红外系统”高轨预警卫星在实际作战中也发挥了较大作用，比较成功的案例就是 2020 年 1 月，伊朗袭击了伊拉克第二大空军基地——阿萨德空军基地。从当时的情况看，伊朗导弹准确命中了目标，阿萨德空军基地损失非常严重，但是奇怪的是美国却没有发生人员伤亡。美国军方发言人揭露没有出现人员伤亡的原因是美国的预警卫星提前发出了预警。而预警卫星正是“天基红外系统”高轨预警卫星，这次伊朗导弹攻击事件，也恰恰检验了该卫星系统的实战能力，同时也证明，美国“天基红外系统”的优良性能。据测算，这套预警系统面对俄罗斯的洲际导弹，能够提供至少 25min 的预警时间，而且“天基红外系统”的工作效率是之前美国“国防支援计划”预警卫星的10倍。

我们相信科技会不断发展，并创造新的未来，对于高轨预警卫星也不例外。目前已知的“下一代天顶持续红外项目”（OPIR）卫星便是美国下一代导弹预警卫星，该卫星系统主要用于监视和发现敌方的战略弹道导弹，并在导弹发射时发出警报，未来将逐步取代现役的“天基红外系统”高轨预警卫星系统。该系统与“天基红外系统”的高轨道系统相似，都分为极地轨道卫星（太阳同步轨道卫星）和地球同步轨道卫星两种。而且2018年8月，美国空军与洛克希德·马丁公司签署合约，洛克希德·马丁公司将负责研制和生产3颗地球同步轨道卫星，首颗卫星预计在2023年发射。即便如此，美国也觉得研制进度较慢，为了加快研制步伐，美国空军还引入诺斯罗普·格鲁曼公司研制太阳同步轨道卫星。也许不久的将来，又一项新的航天装备会走进人类世界。

## 美国的军事卫星家族

我们经常说，科学技术是一把双刃剑，这句话放在卫星家族上更不为过。卫星作为高科技发展的产物，为人类提供了便利，促进了社会的发展，但同时也成为世界各国保证自身利益最大化的一个重要武器。正是由于卫星的出现，将人类的对抗斗争从地球引向太空，我们无法评价它到底是好是坏，正如我们无法阻碍科技发展方向一样，一切的一切都会在未来给出一个更加公正的回答，抛开一切的纠葛，我们真实发现的只有两个字——利益。为了自身利益的需要，制造一切为我所用的工具，这是世界上每个国家科技发展的主要目的，而且我们发现，军事卫星更是完美诠释了这一概念。

回顾历史，我们发现军事卫星也是发射时间最早、发射数量最多的人造地球卫星之一。20 世纪 50 年代末已经出现了军事卫星，90 年代军事卫星更是直接参与到战争当中。可以说，陆地、天空、海洋、云层、气温、大气状况等各种维度和参数，都是军事卫星发挥价值的舞台。从未来趋势而言，军事卫星将把各类卫星组成一体化天基信息网，提高信息获取能力、传输能力和融合能力，增强生存能力、抗干扰能力和工作寿命。

我们知道，苏联于 1957 年 10 月 4 日发射了世界上第一颗人造卫星——“人造地球卫星 1 号”，随后的 1958 年 1 月 31 日，美国的人造卫星“探险者 1 号”也发射成功。自此美苏两个超级大国开始在卫星研究试验上开展了一系列的博弈和对抗，而且更加注重在军用价值上的延伸，20 世纪 50 年代末，两国开始走上研究和试验军事卫星的道路。

说起美国的军事卫星，真的是门类齐全、分工明确，的确可以用一个家族来概括和形容，这个家族有侦察卫星、预警卫星、通信卫星、导航卫星、气象卫星和测量卫星等，不一而足。下面我们逐个对这个大家族的成员进行介绍。

提起军事卫星，首当其冲的便是照相侦察卫星，它是装有光学成像的空间遥感设备，以进行侦察和获取军事情报的人造地球卫星，而我们常说的遥感设备主要有可见光照相机、电视摄像机、红外照相机、多光谱照相机和微波遥感设备等。

前面已经说过，世界上第一颗照相侦察卫星是美国于 1959 年 2 月 28 日发射的“发现者 1 号”卫星，它是一颗试验性的侦察卫星。此后经过一系列试验，美国于 1960 年 8 月 10 日发射了“发现者 13 号”试验侦察卫星。在 8 月 11 日，“发现者 13 号”接受地面指令控制，弹射出一个装有照相胶卷的密封舱，再入大气层，并在海上回收成功，这是人类从太空收回的第一卷照相胶卷。

随着科学技术的进步和发展，卫星技术、光学遥感技术、信息传输技术和图像处理技术等的进步，使得照相侦察卫星性能有了很大提高。由于卫星轨道运行时间长、侦察覆盖面广、飞行不受国界限制，而且还没有驾驶人员的生命安全问题，因此在美国卫星已取代了大部分有人驾驶飞机来执行照相侦察任务。

电子侦察卫星，是另外一种比较有名的侦察卫星，它是一种装有电子侦察设备，用于侦察雷达和其他无线电设备的位置与特性，截收对方遥测和通信等机密信息的侦察卫星。电子侦察卫星和照相侦察卫星一样，也可分为普查型和详查型两种。电子侦察卫星按照定位方法可分为单星定位制电子侦察卫星和多星定位制电子侦察卫星。按侦察对象可分为侦察雷达和遥控、遥测信号的电子情报型卫星和窃听通信的通信情报型卫星。电子侦察卫星有实时的自身定位能力。

另外，对于详查型，为了保证较高的定位精度，单星定位时，要求对卫星进行精确控制；多星定位时，则需采用轨道控制系统，严格保持卫星之间的相对位置。电子侦察卫星的轨道一般要比照相侦察卫星高。电子侦察卫星的轨道为圆形或近圆形，为了增大对地球的监视地区、减少阻力、延长寿命并兼顾定位精度的需要，其轨道平面的倾角都较大，轨道高度大都在 300 ～ 600km，有的高达 1400km，卫星轨道高度的选择主要取决于其所担负的特定任务和星上设备的性能。

对于利用电子侦察卫星开展侦察试验，美国在早期的“发现者”系列卫星上就曾开展过相应操作，1962 年 5 月发射的“搜索者号”是世界上最早的实用侦察卫星，在现代战争中，电子侦察卫星已成为获得情报所不可缺少的手段。1991 年海湾战争中，美国在空袭伊拉克前几个月就开始通过电子侦察卫星搜集掌握了大量的伊军电子情报。利用这些情报在空袭前几十分钟开始对伊拉克展开电子战，使伊拉克大部分雷达受到强烈干扰而无法正常工作，无线电通信全部瘫痪，连伊拉克巴格达电台的广播也因干扰而无法听清。据报道，时任伊拉克总统萨达姆与前线作战指挥官的通话，甚至战场分队之间的通话，均被美国的电子侦察卫星所窃听。

预警卫星，顾名思义就是用于监视和发现敌方来袭的战略导弹，并发出警报的侦察卫星，它能延长预警时间，便于及时组织战略防御和反击。

美国发射的“发现者 19 号”和“发现者 21 号”卫星，都进行过有关预警卫星的试验。1961 年 7 月 12 日，美国发射的“米达斯 3 号”卫星，成为世界上第一颗预警卫星。随后，美国在 1968 年 8 月 6 日至 1970 年 9 月 3 日，又成功发射了 3 颗“匿名者号”预警卫星，“匿名者号”预警卫星位于地球同步轨道，只需部署 2 颗即可随时发现苏联境内所有的导弹发射情况。1991 年海湾战争中，美国的“爱国者”导弹拦截了伊拉克发射的“飞毛腿”战术弹道导弹，其中就有预警卫星的功劳，“飞毛腿”导弹从伊拉克打到以色列的特拉维夫仅需 5min，给防空导弹留下的拦截时间很短，而美国预警卫星可在“飞毛腿”发射后 1min 之内即向海湾地区的美军指挥部报警并提供飞行数据。

军用通信卫星，就是作为空间无线电通信站，担负各种通信任务的人造地球卫星。卫星通信具有通信距离远、容量大、质量好、可靠性高、保密性强、生存能力好、灵活机动等特点。

世界上第一颗通信卫星是美国于 1958 年 12 月 18

日发射的“斯科尔号”卫星。这是一颗试验性卫星，该卫星成功地将当时美国总统艾森豪威尔的圣诞节献词发送回了地球。世界上最早的地球同步轨道通信卫星是美国的“辛康号”卫星，1963 年 2 月 14 日，美国发射的“辛康 1 号”卫星运行期间首次成功进行了同步轨道通信试验，并获得通信试验部分成功。1963 年 7 月 26 日发射的“辛康 2 号”获完全成功，它当时主要用于侵越美军与美国五角大楼之间的作战通信，正是由于通信卫星具有通信范围大的优点，只需在赤道上空等距离布设 3 颗卫星，即可实现除南北极之外的全球通信。

军用导航卫星是通过发射无线电信号，为地面、海洋和空中军事用户导航定位的人造地球卫星。军用导航卫星原先主要为核潜艇提供在各种气象条件下的全球定位服务，现在也能为地面战车、空中飞机、水面舰艇、地面部队及单兵提供精确的所处位置、时间的信息。

世界上第一颗导航卫星是美国海军的“子午仪 7A 号”卫星，它于 1959 年 9 月 17 日发射升空，它是试验性卫星，第一颗实用导航卫星是 1960 年 4 月 13 日发射的“子午仪 B 号”。美国共发射了约 30 颗“子午仪”卫星，并于 1964 年 7 月组成导航卫星网正式投入使用。它可使全球任何地点的用户平均每隔 1.5h 利用卫星定位一次，导航定位精度为 20 ～ 50m。

美国国防部队从 1978 年 2 月开始发射“导航星”系列导航卫星，部署“导航星”新一代 GPS。卫星网由 18 颗“导航星”组成，可使任何地点或近地空间的用户在任何时候都能接收到至少4颗卫星的信号，以保证全球覆盖、三维定位和连续导航。其定位精度为16m，测速精度优于0.1m/s，授时精度优于1μs，是目前最先进的卫星导航系统。在海湾战争中，美国的飞机、巡航导弹、舰艇、地面部队和执行其他任务的军用卫星都曾利用“导航星”系统进行了精确的导航定位。

军用气象卫星，是为军事需要提供气象资料的卫星。它可提供全球范围的战略地区和任何战场上空的实时气象资料，具有保密性强和图像分辨率高的特点。世界上第一颗气象卫星是美国1960年4月1日发射的“泰罗斯1号”卫星，这是一颗军民合用的试验卫星。1965年1月，美国发射成功世界上第一颗实用性军用气象卫星“布洛克1号”，而且2颗“布洛克”卫星组成的全球性气象卫星网，负责向美国三军实时或非实时提供全球气象数据。照相侦察卫星也是它的主要用户，气象卫星可准确预报几小时后待侦察地区的天气情况。

军用测地卫星，是为军事目的而进行大地测量的人造地球卫星。地球的真实形状及大小、重力场和磁力场分布情况、地球表面诸点的精确地理坐标及相关位置等，对战略导弹的弹道计算和制导关系甚大，测地卫星就是用于探测上述参数的航天器，它可测定地球上任何一点的坐标和地面及海上目标的坐标。世界上第一颗专用测地卫星，是美国1962年10月31日发射的“安娜1B号”卫星。该卫星的测地坐标精度优于10m，设计工作寿命为500年。

以上我们对美国军事卫星家族的主要成员进行了简单介绍，可以说，美国的军事卫星每一种都身兼使命，承载不同的任务，也正是实际作战需要而孕育的优秀成果，某种程度上左右了战争的走势和时代的发展。

美军“锁眼”间谍卫星

# 从“子午仪”导航卫星到 GPS

在说导航卫星之前，我们先说说我国古代四大发明之一的指南针，指南针的奥秘是什么呢？其实，所有磁体都具有“同极相斥，异极相吸”的特性，地球作为一个大磁体，这个大磁体和小磁针也由于“同性相斥，异性相吸”的特性，使得磁针的南极总是指向南方。根据指南针的这一原理，人们做成的船舶导航仪器就称罗盘（磁罗盘），也就是把一根磁棒用支架水平支撑，上面固定着从 0° 到 360° 的刻盘，同时用航向标线代表船舶的纵轴，这就做成了一个简单磁罗盘。刻度盘上的零度与航向标线之间的夹角称为航向角，表示船舶以地磁极为基准的方向，这样航行的船舶可根据夹角的大小判断出航行的方向。但是，由于地磁场分布不均，常使磁罗盘产生较大的误差。

20 世纪初无线电技术对导航技术带来巨大变革，由于无线电波不受天气好坏的影响，白天夜里都可以传播，因此信号的收、发可以全天候。用无线电导航的作用距离可达几千千米，并且精度比磁罗盘高，因此被广泛使用。但无线电波在大气中传播几千千米的过程中，受电离层折射和地球表面反射的干扰较大，所以它的精度还不是很理想。当今，海上遇险事故还是时有发生，而且多半事故就是由于航行原因造成的。最常见的一种事故就是搁浅，另一种航海事故是碰撞，虽然航海技术和装备在不断完善，但仍然满足不了现实需求。这时，借助卫星的能力来实现航行安全，成为人们研究探索的方向，也正是实际目标需求

轨道上的“子午仪”导航卫星

的助力，揭开了导航卫星历史的新篇章。

1957 年，美国两位科学家在跟踪苏联的第一颗卫星时无意中发现，他们接收到的无线电信号有多普勒频率转移效应，即卫星在飞近地面接收机时收到的信号频率逐渐升高，而飞远时则频率逐渐降低。科学家对这种现象认真研究后产生了灵感，这种现象让他们认识到卫星的轨道可由地面站测得的多普勒频移曲线确定，若知道卫星的精确轨道，不就能确定地面接收机的位置了吗？正是这一有趣而科学的发现，揭开了人类利用人造卫星进行导航定位的新纪元。

提起军事导航卫星，世界上最早出现的是“子午仪”导航卫星，而深究“子午仪”导航卫星出现的原因，可以追溯到 1958 年，当时美国为解决“北极星”核潜艇在深海航行和执行军事任务而需要精确定位的问题，开始研制军用导航卫星系统，该系统研制计划被命名为“子午仪计划”。

在此，我们不妨对“子午仪”系列军事导航卫星进行一下时间轴上的描述，以加深对该系统的了解。世界上第一颗军用导航卫星就是“子午仪 1B 号”，主要用于对导航卫星方案及其关键技术进行试验鉴定，并同时验证双频多普勒测速定位导航原理。1963 年 12 月，第一颗实用导航卫星“子午仪 5B-2 号”发射成功。1964 年 6 月，第一颗定型的“子午仪 5C-1 号”发射并交付海军使用。1967 年 7 月，“子午仪”卫星导航系统组网并允许民用。1972 年，开始执行“子午仪”改进计划（TIP），共发射 3 颗卫星，主要试验扰动补偿系统，大大提高了轨道预报精度。1981 年 5 月，发射经过改进的实用型“子午仪号”卫星（NOVA）。1996 年，“子午仪”卫星导航系统退出历史舞台。据统计，从 1960 年 4 月到 20 世纪 80 年代初，“子午仪”卫星导航系统共发射卫星 30 多颗。

“子午仪”导航卫星系统主要采取组网形式，由 6 颗卫星组成，分布在 6 个等间距极轨道平面内。到 1967 年，美国对“子午仪”导航卫星系统组网完成，这个导航卫星网被命名为“海军导航卫星系统”(NNSS)。该系统可使全球任何地方的导航用户在平均每隔 1.5h 左右利用卫星定位一次。其主要功用是：为核潜艇和各类海面舰船等提供高精度断续的二维定位，用于海上石油勘探和海洋调查定位、陆地用户定位和大地测量等。

提起“子午仪”系统，我们选取比较有代表性的进行描述，首先就是第一颗卫星“子午仪 1B 号”，它是一颗直径为 0.91m 的圆球形卫星，质量 121kg，主要质量是化学蓄电池，同时安装少量的太阳电池。该卫星是由同地球的地磁场相作用的磁铁系统稳定的，红外地球敏感器监视着卫星通过磁铁系统和重物释放系统的消旋情况。其有效载荷由两个稳定振荡器和两个双频发射机组成，同时螺旋开缝天线装在球面上。“子午仪 1B 号”这颗卫星的轨道虽然低于原设计的高度，但还是能够证明在用蓄电池供电的 3 个月内，超稳定振荡器在空间环境中的工作是成功的。

第二次发射成功的“子午仪 2A 号”是电子钟首次飞行试验的卫星，这颗星比起前一颗带有更多的太阳电池，但蓄电池少了。这样在利用同样运载火箭的情况下，省下的质量足以再装载一颗子卫星。这是第一次成功发射两颗卫星，并为本计划树立了先例，后来的大多数“雷神 - 艾布尔星”运载火箭至少都可装载两颗卫星。

最后一次是在 1956 年 8 月发射的，那次至少装有 7 颗卫星。“子午仪 2A 号”卫星除装有导航设备外，还为加拿大装了一台测定宇宙无线电噪声的仪器。这样“子午仪”卫星已然首次成为国际性卫星。“子午仪 3A 号”在一次发射的不幸事故中而告吹，这次失败是由于火箭碎片坠落于古巴，砸死了一头母牛而引起了一场国际性事件。同样，备用星“子午仪 3B 号”也是多灾多难的，这颗星与子卫星，同运载火箭“艾布尔星”连在一起未能分离，待在低轨道上，也不能说该卫星无任何价值可言，在卫星坠入大气层损毁之前的一个月内，做了小型磁性存储器系统工作性能的鉴定，同时也为美国陆军测地计划“西可尔”(Sceor) 的转发器做了第一次飞行试验。

为了得到轨道上运行的一颗卫星实际上的连续覆盖，美国在世界各地建立了由 13 个跟踪站组成的台站网。“子午仪”卫星系统和其他适宜的卫星正是用这个跟踪台站网来跟踪，并把数据传送给应用物理实验室开展分析研究。可以说这是一项繁重的任务，计算分析包括处理跟踪数据和计算地球重力场模型，但是这项计算任务还是有收获的，因为这样可以使轨道预报误差减小至 10m。

实话实说，正是由于美国“子午仪”卫星也存在一些先天不足，如不能连续实时导航，只能提供二维坐标（经度和纬度）；无法给出飞机的高度和速度信息，用户须等卫星飞经头顶时才能定位，且每次定位需十几分钟，因而对高速移动物体测量误差较大等问题。也正是为了改善这一系统，美国后来又发展了导航星全球定位系统，不仅大大提高了导航定位的性能，而且极大地扩展了应用领域，形成了极富商业潜力的一大产业。

全球定位系统，也就是我们经常说的 GPS，它是英文 Global Positioning System 的简称。GPS 起始于 1958 年美国军方的一个项目，1964 年投入使用，20

世纪 70 年代，美国陆、海、空三军联合研制了新一代卫星定位系统 GPS，主要目的是为陆、海、空三大领域提供实时、全天候和全球性的导航服务，并用于情报搜集、核爆监测和应急通信等一些军事目的，经过 20 余年的研究试验，到 1994 年，24 颗 GPS 卫星星座已布设完成全球覆盖率的 98%。

前面我们介绍过“子午仪”卫星定位系统，该系统就是 GPS 的前身，但该系统在定位精度等方面不尽如人意。即便如此，“子午仪”系统使得研发部门对卫星定位取得了初步的经验，并验证了由卫星系统进行定位的可行性，为 GPS 的研制做好了铺垫。正是基于卫星定位显示出在导航方面的巨大优越性及“子午仪”系统存在对潜艇和舰船导航方面的巨大缺陷，美国迫切需要一种新的卫星导航系统。

为此，美国海军研究实验室 (NRL) 提出了名为 Tinmation 的全球定位网计划，该计划用 12 ～ 18 颗卫星组成 10000km 高度的全球地位网，并且美国于 1967 年、1969 年和 1974 年各发射了一颗试验卫星，在这些卫星上初步试验了原子钟计时系统，这是 GPS 精确定位的基础。

最初的 GPS 计划是在美国联合计划局的领导下诞生的，该方案将 24 颗卫星放置在互成 120° 的 3 个轨道上。每个轨道上有 8 颗卫星，地球上任何一点均能观测到 6 ～ 9 颗卫星。这样，粗码精度可达 100m，精码精度为 10m。由于预算压缩，GPS 计划不得不减少卫星发射数量，改为将 18 颗卫星分布在互成 60° 的 6 个轨道上，然而这一方案使得卫星可靠性得不到保障。1988年美国进行了最后一次修改，由21颗工作星和3颗备用星工作在互成60° 的6条轨道上，这也是GPS卫星所使用的工作方式。

GPS导航系统是以全球24颗定位人造卫星为基础，向全球各地全天候地提供三维位置、三维速度等信息的一种无线电导航定位系统。它由3部分构成：一是地面控制部分，由主控站、地面天线、监测站及通信辅助系统组成；二是空间部分，由24颗卫星组成，分布在6个轨道平面；三是用户装置部分，由GPS接收机和卫星天线组成。民用的定位精度可达10m内。

GPS导航系统的基本原理是测量出已知位置的卫星到用户接收机之间的距离，然后综合多颗卫星的数据就可知道接收机的具体位置。要达到这一目的，卫星的位置可以根据星载时钟所记录的时间在卫星星历中查出。而用户到卫星的距离则通过记录卫星信号传播到用户所经历的时间，再将其乘以光速得到（由于大气层电离层的干扰，这一距离并不是用户与卫星之间的真实距离，而是伪距：当GPS卫星正常工作时，会不断地用1和0二进制码元组成的伪随机码（简称伪码）发射导航电文。GPS系统使用的伪码一共有两种，分别是民用的C/A码和军用的P(Y)码。C/A码频率1.023MHz，重复周期1ms，码间距1μs，相当于300m；P码频率10.23MHz，重复周期266.4天，码间距0.1μs，相当于30m。而Y码是在P码的基础上形成的，保密性能更佳。导航电文包括卫星星历、工作状况、时钟改正、电离层时延修正、大气折射修正等信息。它是从卫星信号中解调制出来，以 50b/s 调制在载频上发射的。

可见 GPS 导航系统卫星部分的作用就是不断地发射导航电文。然而，由于用户接收机使用的时钟与卫星星载时钟不可能总是同步，除了用户的三维坐标 $x$、$y$、$z$ 外，还要引进一个 $\Delta t$ 即卫星与接收机之间的时间差作为未知数，然后用 4 个方程将这 4 个未知数解出来，所以如果想知道接收机所处的位置，至少要能接收到 4 个卫星的信号。

1994 年，美国宣布在 10 年内向全世界免费提供 GPS 使用权，但美国只向外国提供低精度的卫星信号。据信该系统有美国设置的“后门”，一旦发生战争，美国可以关闭对某地区的信息服务。目前，全球共有四大卫星系统，随着卫星导航技术的飞速发展，卫星导航已基本取代了无线电导航、天文导航等传统导航技术，成为一种普遍采用的导航定位技术，并在精度、实时性、全天候等方面取得了较大提高。

## 俄罗斯 GLONASS 卫星系统

2007 年，联合国将美国 GPS、俄罗斯格洛纳斯（GLONASS）、欧盟伽利略和中国北斗确定为全球四大导航系统。前面我们已经对美国 GPS 导航系统有了详细的介绍，下面我们再来认识一下俄罗斯的 GLONASS 卫星系统。

20 世纪 60 年代，苏联军方需要一个卫星无线电导航系统来规划新一代弹道导弹的精确导引，而当时已有的卫星导航系统接收站需要好几分钟的观测才能确定一个位置，因此不能达到导航定位的目的。1969 年，苏联的国防部、科学院和海军的一些研究所联合起来要为各类军事力量建立单一的解决方案，1970 年这个系统的需求文件编制完成。

1976 年，苏联颁布法令建立 GLONASS(Global Navigatsion Satellite System)，GLONASS 项目是苏联在 1976 年启动的项目，GLONASS 系统将使用 24 颗卫星实现全球定位服务，可提供高精度的三维空间和速度信息，也提供授时服务，该项目在 3 年后便付诸研发行动。

1982 年 10 月 12 日，苏联的第一颗 GLONASS 卫星发射升空。当时由于苏联的火箭发射能力强大，一开始计划就是用“一箭三星”的方式发射卫星。事实上,GLONASS 在 1993 年只是具备了初始作战能力，原计划 1991 年建成完整的工作系统。由于多次发射失败和卫星工作寿命较短，一直发射到 70 多颗卫星时，到 1996 年 GLONASS 卫星星座才达到额定工作的 24 颗，宣布正式投入完全服务。可惜好景不长，由于苏联的解体和俄罗斯的经济困难，GLONASS 星座的卫星数量至 2002 年最低降到 7 颗，维持正常工作的卫星为 6 颗。

事实上，GLONASS 导航系统的民用精度是优于美国 GPS 导航系统的，但是其应用普及情况则远不及 GPS，这主要是俄罗斯没有开发民用市场。另外，GLONASS 卫星平均在轨道上的寿命较短，且由于俄罗斯政治动荡、经济困难造成无力补网，出现在轨可用卫星少、不能独立组网的情况。

2003 年的伊拉克战争可以说是引起世界主要军事大国警醒的一场战争，正是在当时的背景下，俄罗斯

俄罗斯新一代“格洛纳斯 -K”导航卫星

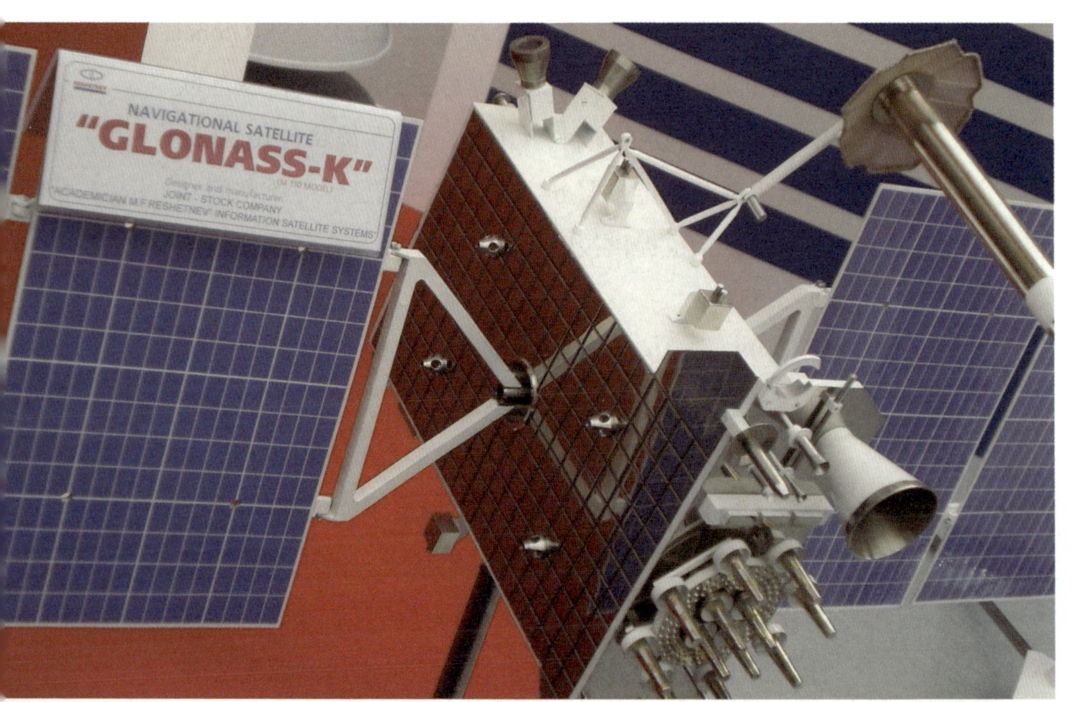

领导层对太空的军事用途重新重视。专家认为，当这个系统的卫星达到18颗时，GLONASS导航系统便可发挥导航定位功能，当卫星总数达24颗时，其导航范围可覆盖整个地球表面和近地空间。从2003年开始，GLONASS系统又进入复苏阶段，以每年差不多发射6颗卫星的速度回归，卫星寿命也有所增加。到2011年12月8日，GLONASS星座又恢复到24颗卫星的完全工作状态，并基本能够保持稳定，GLONASS导航系统的用户又可获得地面、水面、天空、近地空间内相关物体的准确坐标信息。下图所示是俄罗斯纪念第一颗GLONASS卫星发射35周年的宣传页，标志其发展的几个重要里程碑。

迄今为止，GLONASS项目已经发射过6种型号的卫星。1982年10月到1985年5月间发射了第一批称为Block Ⅰ的10颗卫星，1985年5月到1986年9月间发射了6颗Block Ⅱ a卫星，1987年4月至1988年5月间发射了12颗Block Ⅱ b卫星，其中6颗卫星因发射故障而丧失。第四个型号是Block Ⅱ v。到2005年底，俄罗斯已经部署了60个Ⅱ v卫星，随后的每一代卫星都包含设备功能增强和使用寿命的增加。2001年12月1日发射了一颗GLONASS-M卫星，同时发射的还有两颗Block Ⅱ v，包括2003年12月10日和2006年12月26日的两次“一箭三星”发射中，分别各带有一颗GLONASS-M卫星。2005年12月25日发射升空了两颗GLONASS-M卫星。新设计的现代化GLONASS卫星进行了许多改进，包括更好的星载电子设备、更长的使用寿命，和L2民用信号以及改进的导航信息。除了 2011 年 2 月 26 日和 2014 年 11 月 30 日发射的两颗 GLONASS-K1（有时简称为 GLONASS-K）卫星外，自 2005 年 12 月以来发射的所有 GLONASS 卫星都是 GLONASS-M 卫星。GLONASS-K1 卫星与前面 5 种型号的卫星明显不同之处在于，它们的质量更轻，而且提高了时钟稳定性，并将卫星设计寿命延长至 10 年。

俄罗斯 GLONASS 卫星系统拥有工作卫星 21 颗，分布在 3 个轨道平面上，同时有 3 颗备份星。卫星星座的轨道为 3 个等间隔椭圆轨道面，24 颗卫星均布于该 3 个轨道。3 个轨道平面的相互夹角按升交点经度计算为 120° ，编号按地球自西向东的旋转方向递增，分别为 No.1、No.2、No.3。1 ～ 8 号卫星在 No.1 轨道，其余类推。各轨道的卫星编号均按卫星运动的反方向递增。轨道倾角 64.8°± 0.3°，轨道偏心率为 ±0.01。卫星距地面高度为 1.91 万 km，运行周期为 11h15min。由于 GLONASS 卫星轨道倾角大于 GPS 卫星的轨道倾角，故在高纬度 (50°以上 ) 地区的可视性较好。地面用户每天提前 4.07min 见到同一颗卫星，在中国境内可见到 24 颗中高度角 5° 以上的 11 颗卫星，比能够见到的 GPS 卫星要多 3 ～ 4 颗。每颗 GLONASS 卫星上都装有铯原子钟，以产生高稳定的时间标准，并向所有星载设备提供同步信号。星载计算机对从地面控制站接收到的信息进行处理，生成导航电文向地面用户播发。

如果以俄罗斯 GLONASS 卫星系统与美国 GPS 卫星系统相比，我们或许对两种导航系统有了更加

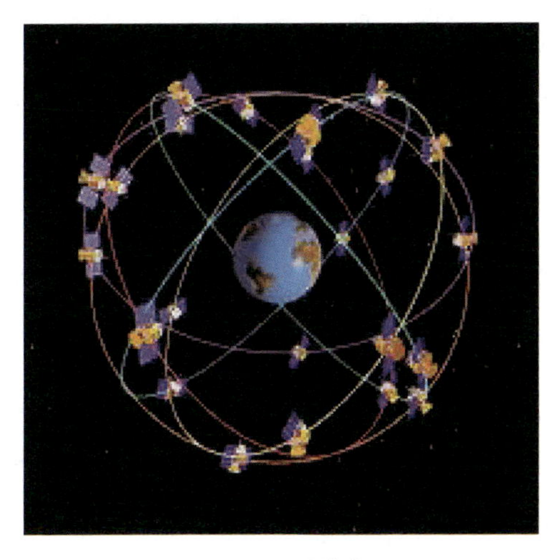
GLONASS 卫星分布图

清晰的认识。首先，两种系统的卫星发射频率不同。GPS 的卫星信号采用码分多址体制，每颗卫星的信号频率和调制方式相同，不同卫星的信号靠不同的伪码区分。而 GLONASS 采用频分多址体制，卫星靠频率不同来区分，每组频率的伪随机码相同。由于卫星发射的载波频率不同，GLONASS 可以防止整个卫星导航系统同时被敌方干扰，因而，具有更强的抗干扰能力。其次，两种系统的坐标系不同。GPS 使用世界大地坐标系（WGS-84），而 GLONASS 使用苏联地心坐标系（PE-90）。再次，时间标准不同。GPS 系统时与世界协调时相关联，而 GLONASS 则与莫斯科标准时相关联。

单独从 GLONASS 用户体验来看，GLONASS 用户体验端设备为用户接收机。用户通过 GLONASS 用户接收机同步、追踪 4 颗及以上卫星，将接收的信号计算出导航者位置坐标值、时间等，实际应用中一般设计为能同时接收 GLONASS、GPS 卫星信号。结合 GPS 与 GLONASS，对提升精度或整体性改善都是一个很好的选择，相对于 GPS 设备，GLONASS 组合定位用户接收机优势如下：

一是精度因子改善。由于结合 GPS 与 GLONASS

卫星，可视卫星数量增加与几何关系的改善，可降低精度因子，也可提升定位精度。二是避免地形遮蔽的影响。对于城市峡谷或山区而言，可视卫星数量可能低于 4 颗而导致无法定位。若结合 GPS 与 GLONASS，可克服地形遮蔽的影响。三是增强整体性。由于有了更多可视卫星，导航者在自主式侦测时，可以较容易侦测与分辨异常现象，也增强了整体性。四是增强妥善性。结合了 GPS 与 GLONASS 后，导航者的正常动作不易受到某颗卫星异常的影响，较容易取得持续的服务与较高的妥善率。

可以说，谁能掌握卫星导航优势，谁就掌握了战争的主动权，在国防领域，卫星导航系统已经成为建设信息化军队、打赢信息化战争的重要保证，在联合作战、战场态势感知、精准打击、情报侦察等方面发挥着不可替代的作用。美国的《军事评论》杂志曾经非常直接地说过："谁能掌握卫星导航优势，谁就掌握了战争主动权。"不夸张地说，无论是天、空、地联合作战的指挥控制还是精确打击武器的指导和引导，现代战争完全离不开卫星导航系统的支持。近些年，美国之所以能够以极小的代价赢得多场局部战争，卫星导航系统作用功不可没。如何增强卫星导航系统的精准度和防止敌方干扰，已然成为世界各国需要深入研究的重要课题。

## 美国海豹突击队击毙本·拉登

本篇介绍的故事主要是闻名21世纪初的两方主角，一方是大名鼎鼎的恐怖分子本·拉登，另一方则是美国旗下的海豹突击队。下面通过人物介绍和军事手段应用来展现现代军事战争的一些新画面。

本·拉登，生于20世纪50年代，2011年5月被美国海豹突击队击毙，享年54岁。回看本·拉登这一生，可谓经历了跌宕起伏的人生沉浮，而且一位采访过本·拉登的记者回顾，本·拉登非常沉默害羞，讲起话来也是轻言细语，这与世界恐怖分子之首的称号根本不搭调，也正是这种人物的性格冲突造就了本·拉登更多的离奇故事。

本·拉登出生于沙特阿拉伯一个建筑业富商之家，父亲是沙特建筑大亨，而且与沙特王族过从密切，也正是这样，儿时的本·拉登过着锦衣玉食的生活。但本·拉登10岁的时候，他的父亲去世了，这给了他非常大的心理打击。据后来专家分析，正是由于本·拉登亲生父亲的去世，为日后作为恐怖分子头目袭击平民埋下了祸根。但相比普通人，年轻时候的本·拉登还是比较幸运的，由于他家庭的殷实富足，能够让他在大学毕业后直接进入了家族企业，而且本·拉登在家族企业利用知识与人脉，也积累了至少10亿美金的资产，但后来因为与自己大哥观点上不一致，本·拉登离开了家族企业。

20世纪70年代末，苏联入侵阿富汗之后，本·拉登前往阿富汗参加了美军所支持的圣战组织。基地组织也是他在阿富汗建立的。80年代末苏联撤军，本·拉登带着他的基地组织成员一起回到了沙特阿拉伯。在海湾战争爆发后，本·拉登还曾建议沙特王室不要让美军驻扎在沙特阿拉伯，应当一起反抗美军。此举惹恼了沙特王室，并将本·拉登开除了国籍，这里可以隐约看出，在本·拉登的内心深处一直埋藏着复兴阿拉伯帝国的想法！

几经辗转之后，本·拉登前往阿富汗，并扩张了基地组织的规模，而且也策划组织了几起袭击事件，针对的目标主要是欧美等西方国家。2001年9月11日，两架被恐怖分子劫持的民航客机分别撞向美国纽约世界贸易中心一号楼和世界贸易中心二号楼，两座建筑在遭到攻击后相继倒塌，世界贸易中心其余5座建筑物也受震动而坍塌损毁，上午9时许，另一架被劫持的客机撞向位于美国华盛顿的美国国防部五角大楼，五角大楼局部结构损坏并坍塌。在事件发生后，塔利班发表声明称该事件与本·拉登无关，但美国政府仍然认定本·拉登是恐怖袭击事件的头号嫌犯。这使得美国一直在想方设法抓获本·拉登。但塔利班最高领导人乌马尔与本·拉登曾是反抗苏联时期的战友，因此塔利班给予本·拉登最忠诚的保护，无论美军如何威胁，塔利班坚决不同意交出本·拉登，同时本·拉登的财富也帮助了当时的阿富汗。最后，美军入侵阿富汗，塔利班冒着被灭国的危险，仍然在维护本·拉登，直至塔利班最高领导乌马尔被美军击毙，而本·拉登开始流亡至巴基斯坦与阿富汗边境地区。

美国海军海豹突击队被称为世界十大特种部队

之一，“海豹”（SEAL）是美军三栖突击队的别名，SEAL 取 sea（海）、air（空）、land(陆)之意。美国海豹突击队正式成立于 1962 年，前身是美国海军水下爆破队，到 1988 年时已经扩大到两个战斗群，共有 7 个中队，人数约 1600 人，海豹突击队目前已成为美国实施局部战争、应付突发事件的撒手锏。

美国海豹突击队主要是夜间执行任务，这就客观地对突击队员视力要求较高，而且进入海豹突击队的学员要通过被认为是世界上最艰苦、最严格的特别军事训练，有时可能是真枪交火的磨炼，学员们在超常的困境中培养锻炼毅力和团队作战的能力，但最后还是有将近七成的学员要被无情地淘汰出局。美国海豹突击队讲求团队作用的发挥，他们的任务需要详细的计划和精确的执行，经过训练的海豹突击队员主要执行以下 5 类任务：一是非常规战争；二是境外内部防卫；三是直接行动；四是反恐行动；五是特殊侦察。

美国海豹突击队完成过很多任务，像 1989 年 12 月美国入侵巴拿马，1990 年沙漠风暴行动，1991 年索马里内战，2003 年营救被俘女兵，2009 年营救被绑架的船长。实事求是地说，美国海豹突击队完成了许多任务，但最有名的还是 2011 年击毙本·拉登。

2011 年 5 月 1 日凌晨，美国总统奥巴马发表电视讲话，24 名美军特种部队官兵，也就是“海豹突击队”队员，在得到奥巴马下达的“击毙本·拉登”命令后，乘坐 4 架“黑鹰”直升机突袭后者藏身地，通过绳子降落到目标民房内，随即同本·拉登身边匪徒发生枪战，约 40min 后，本·拉登因眼部中弹当场身亡，美军离开现场返回基地。整个过程中，没有美军官兵伤亡，有一架直升机发生故障被美军自行炸毁。

击毙本·拉登的整个行动非常顺利，只持续了40min，没有美军战士受伤，本·拉登死后，美军称随即将他海葬于北阿拉伯海。

看似简单而短暂的军事行动，其实耗费了美军大量的时间和精力，在美国确定要找到并杀死本·拉登的时候，美军是找不到本·拉登究竟身藏何处的，因为本·拉登从来不用现代化通信工具。本·拉登本人深知美国军事技术的威力，所以只要涉及技术类，能够被美国所监控的，本·拉登就不会使用，而是采用非常原始的人与人之间的传信，来传达本·拉登的指令。经过长时间的摸索，美国的中情局摸清了本·拉登这一习惯，改变了寻找策略。

美国在大量甄选各类信息之后，在从阿富汗战争中抓获的基地分子身上找到了本·拉登“信使”这条线索，在美军的密切监控下，发现这名信使停留在巴基斯坦境内一栋豪宅面前，但这并不能够确定豪宅内就是本·拉登。这时军事高科技终于发挥作用了，美国地理学家通过推算鸟类等动植物栖息地的方法，借用高清的卫星成像技术以及环境遥感数据，通过分析本·拉登的个性特征，推算出了本·拉登最可能藏身的地方，可以说正是由于卫星成像技术和环境遥感数据的帮助，才最终帮助美军分析研究本·拉登的藏身之处，之后美军也将线索汇总，确定了本·拉登藏身于信使停留的豪宅内，也基于此，美军才确定了2011年5月1日的行动计划。

对于本次击毙行动，美军没有与巴基斯坦进行信息沟通，美国的想法是速战速决，而且他们驾驶2架“黑鹰”直升机低空飞行以防被巴基斯坦雷达监测到。但不巧的是就在到达目的地时，一架“黑鹰”直升机因气流影响失控，好在机师技术过硬，虽然受损，但是迫降成功，机内人员平安。于是美军改变计划，另一架直升机临时降落在房顶。落地后，美军先用大锤砸锁，由于锁结实，没砸开，改为炸药爆破。就在这个时候，院内传出枪声，美军突击队一名队员受伤，同时其余队员迅速反击，将本·拉登的一位信使击毙。爆破成功后，突击队员进入院内，当时漆黑一片，美军戴着夜视仪，静悄悄走上2楼，突击队员看到了本·拉登的儿子探头看了一下并立马缩了回去，当他再次探头的时候，美军将其一枪毙命，抓紧时间上了3楼。在3楼，本·拉登同样也做了探头动作，美军借此机会开枪将其击倒，并迅速将本·拉登身旁的两位女人推到墙角，以防她们身穿炸弹背心。而此时的本·拉登仍在抽搐，美军再次开枪直到他不再动弹。确认是本·拉登本人被击毙后，美军抓紧时间拍照取证，然后带着本·拉登的尸体乘坐另一架直升机直奔卡尔文森号航空母舰。而受损的直升机，美军担心其落入巴基斯坦手中后，会泄漏“黑鹰”直升机技术，便将其炸掉了。突击队员到达航空母舰后，将本·拉登尸体放入一个袋子中，最后进行了海葬。

前面也说过，为了寻找本·拉登，美国耗费了大量的时间和精力。回过头来看，其实军事科技还是发挥了巨大作用的。2009年2月17日地理学教授托马斯·吉莱斯皮（Thomas Gillespie）、约翰·阿格纽（John Agnew）等联合发表了一篇论文，论文提出了一种概率算法，根据这种算法的推算结果，他们认为本·拉登最有可能藏在巴基斯坦的西北部城市帕拉奇纳尔（Parachinar）。2011 年 5 月 1 日，本·拉登在距帕拉奇纳尔 230km 远的阿伯塔巴德（Abbottabad）被美军发现并击毙。虽然最终结果差了 230km，但 UCLA 教授这一概率算法的大方向还是正确的。

正确的还不止这些。研究者认为策划了“9·11”这等张扬事件的黑暗首脑，不大可能是在巴基斯坦边境的托拉博拉山区。同时，研究者还准确预测本·拉登会住在层数较高的楼房里，因为本·拉登站直了身高达 1.93m，房子有 3m 厚的墙壁保护，房间通电，据说本·拉登要做透析，而透析机需要电力供应。研

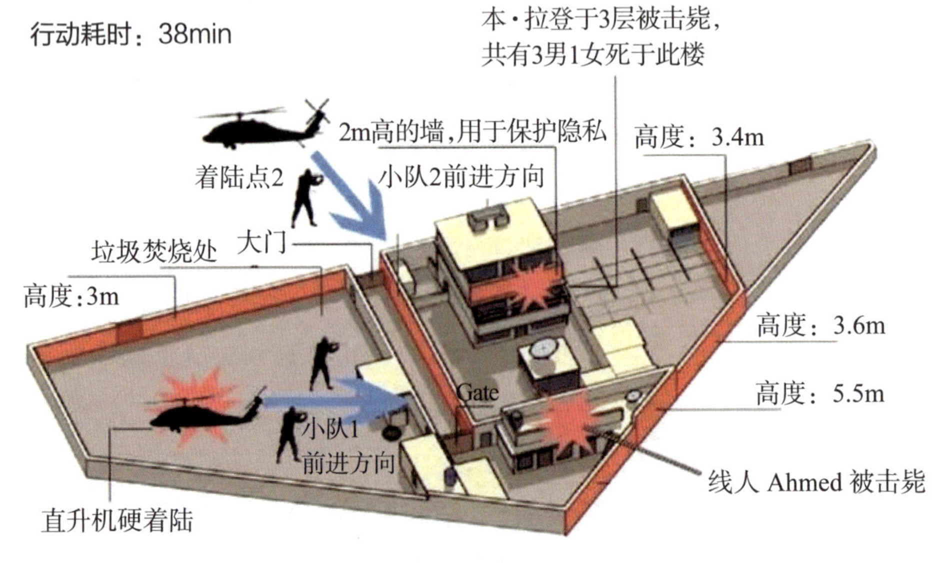


击毙本·拉登作战图

究者还分析，这幢房子至少有3间以上的屋子，这样才容得下本·拉登的随行保镖队伍，屋子之间有隔断，这样本·拉登在人群之中尚能保有一点私人空间。此外，房子周围还有树，这样才好躲避上空的监视。同时科学家利用三维光谱卫星图及卫星传回的海拔高度地图来推算本·拉登的潜在逃跑路线，也使用了岛屿生物地理理论来推算本·拉登的藏身之处，事后也得到了一一印证。不得不说，科学技术是改变世界的真正抓手。

# 太空军事基地——空间站

提起空间站，这个太空概念的提出可以追溯到1869年，当时的《大西洋月刊》杂志发表了一则“用砖搭建的月球”文章。此后众多科学家也开展了关于空间站的相关设想，尤其是1929年，《太空旅行的问题》一书出版并流行了很久。第二次世界大战期间德国科学家曾研究过使用太阳能的轨道兵器，即所谓的“太阳炮”，按照设想，它将是运行在高度为8200km的地球轨道的空间站的一部分。

国际空间站

如果从空间站的概念来说，空间站 (space station) 又称航天站、太空站、轨道站，是一种在近地轨道长时间运行，可供多名航天员巡访、长期工作和生活的载人航天器。空间站分为单一式和组合式两种，单一式空间站可由航天运载器一次发射入轨，组合式空间站则由航天运载器分批将组件送入轨道，在太空组装而成。

空间站的出现，也可以说是 20 世纪美苏冷战的军事科技产物。美国的“阿波罗 11 号”飞船在 1969

年抢先登陆月球后，苏联在与美国登月的太空竞赛中落败，因此转向了其他方向来展示他们的航天实力和开发太空资源。1971 年，苏联的“礼炮 1 号”成功发射升空，成为人类历史上首个空间站。美国紧随其后在 1973 年发射了“天空实验室号”空间站。苏联在 1986 年发射了“和平号”空间站的核心舱，并在接下来的 10 年间不断运送新的模块在空间组装，1996 年建成了由 6 个模块组成的“和平号”空间站。1998 年 11 月国际空间站的第一个模块发射升空，随后陆续发射的模块对其逐渐进行扩充。该空间站由多个国家分工建造、运行和使用，是人类航天史上的杰作。

空间站的出现，进一步拓展了人们的想象力，如果人类要想进入太空生活，那么空间站就是远离地球的第一站。同时，空间站在天文观测上要比其他航天器优越得多，是了解宇宙及其演变规律的重要手段，空间站在对地观测、预报气候变化、资源开发利用、深空探测、生命科学、生物技术、航天医学、材料科学、流体物理、燃烧科学研究诸多方面也可提供比地球上更加优越的条件。因此，对于空间站的建造和使用，对于人类来说具有非凡的价值和意义。

## 响彻天际的苏联“礼炮”

“礼炮号”空间站是苏联迄今为止历时最长的一项载人航天计划。该计划从1971年4月19日开始，一直到1982年4月11日，在此期间，苏联一共发射了7座“礼炮号”空间站。这7座“礼炮号”空间站的前5座只有一个对接口，即只能与一艘飞船对接飞行。经过改进的“礼炮6号”和“礼炮7号”空间站为第二代，增加了一个对接口，除接待“联盟号”载人飞船外，还可与货运飞船对接，用以补给航天员生活所需的各种用品，上述三者组成航天复合体，是从事宇宙物理、地球大气现象、医学—生物学、地球资源调查等各种科学研究和工艺试验的航天实验室。

我们知道，1957年苏联成功将人类第一颗人造地球卫星送入预定轨道。自此，当时的美国和苏联两个超级大国间便在太空这个赛场展开了激烈的比拼。在太空竞赛早期，因为苏联高层决策指挥得当，加之一批航天奇才如谢尔盖·科罗廖夫、米哈伊尔·扬格尔、弗拉基米尔·切洛梅等领衔的科研团队，苏联在制造了令美国舆论震惊的“斯普特尼克危机”以后，第一次载人绕地飞行，第一次太空出舱等多个人类历史的第一，已然让苏联稳坐20世纪60年代初期世界航天事业的头把交椅。

自20世纪60年代中后期，美国依靠着雄厚的经济实力和超强的人才储备，开始了大跨步的前进。1962年美国实现了首次载人绕地飞行，1969年将首批航天员送入月球。在这种情势之下，苏联逐渐从一个太空领跑者变成了追赶者，从1969年到1972年，苏联新研制的N-1运载火箭发射试验失败了4次，外加资金不足等原因，苏联的登月计划不得不终止。在清醒地认识到自身的技术与经济实力已经不足以在登月方面追赶美国之后，苏联当局另寻出路，将目光投向更具有实用价值的空间站建设上。值得一提的是，虽然苏联的“登月计划”终止了，但为登月计划而开发的“联盟”系列飞船却被保留了下来，而且该飞船在苏联之后的空间站建设中扮演了十分重要的角色。可以说，正是在这样的背景下，苏联的一项旨在建设空间站的庞大航天计划——“礼炮”计划就此拉开帷幕。

苏联“礼炮”家族一共有7个兄弟，它们共同构成了苏联从1971年到1982年间的“礼炮”计划，虽然“礼炮”计划包含的空间站和卫星数量较多，在项目计划之初，该计划按照用途分为了“轨道空间站”和“轨道试验站”两大部分。另外，从对接类型上来说，“礼炮”家族整体分为两代，第一代空间站是单舱，一个对接口，而第二代空间站也是单舱，却有两个对接口。从总体上对“礼炮”家族系列空间站有了一定了解之后，下面对各个型号做一下具体介绍。

首先出场的是“礼炮1号”，1971年4月19日，苏联“质子”K型运载火箭成功将人类首座空间站送入预定轨道，这一壮举揭开了苏联乃至整个人类航天事业的新篇章，虽然该空间站于10月11日结束飞行，共飞行了175天，但作为首座空间站，其地位不言而喻。从结构上来说，“礼炮1号”由3个直径不同的柱形舱段组成，质量为18.6t，长度13.5m，最大直径4m。“礼炮1号”主要基本分系统包括自动或手动操控的主控制系统，用于对接操纵的方位和运动控制系统，用于轨道机动和交会操纵的发动机姿态与机动控制系统，无线电指令与电视控制系统，远距离通信系统，无线电遥测系统，电源系统，生命保障系统，以及生物医学装置。这些基本系统的组成决定了“礼炮”系列空间站的家族基因，后续的“礼炮号”空间站系统构造大抵一致。

作为空间站，对接飞船开展载人飞行是其重要的使命和任务，“礼炮1号”空间站曾与“联盟10号”“联盟11号”两艘飞船对接，并进行了两次载人飞行，其结果都不太理想。“联盟10号”飞船与空间站成功进行了对接，但航天员没有进入空间站，不得不返回地面。“联盟11号”飞船飞行比较成功，对接后航天员进入了空间站，并工作了3星期。他们对空间站的设计方案进行了验证，对各定向和导航系统进行了试验，还做了医学实验、天文和大气观察，并进行了水栽法种植植物的尝试。

接下来出场的是寿命短暂的“礼炮2号”空间站，该空间站于1973年4月3日在哈萨克斯坦境内发射升空并进入预定轨道。在轨道上运行的第13天，正当两名航天员乘坐的“联盟号”飞船准备发射时，“礼炮2号”空间站突然从地面跟踪站的屏幕上消失，当空间站再次出现时，遥测数据显示空间站舱内压力下降到正常压力的一半以下。另外，跟踪数据还显示，空间站失去稳定并开始翻滚，翻滚的速率大约是

5圈/min。其实，我们从上面显示的数据可以看出，“礼炮2号”失败了。根据当时苏联官方的分析，“礼炮2号”空间站失败是由于“质子”火箭的第3级发生爆炸，爆炸产生的碎片击穿空间站的外壳，引起舱内减压。另外还有一种分析认为，空间站上电器短路引发火灾导致了悲剧的发生。

下面轮到“礼炮3号”出场，该空间站于1974年6月24日发射，飞行正常。7月3日，两名航天员乘坐“联盟14号”飞船上天并与空间站成功对接，他们在空间站上逗留了15天，并按照计划于7月19日安全返回地面。8月26日，另外两名航天员乘坐“联盟15号”上天，不过这次飞行并不顺利，他们原计划在站上逗留25天，但由于自动对接系统失灵，“联盟15”号未能与“礼炮3号”空间站对接，两名航天员于8月28日返回地面。“礼炮3号”于1975年1月24日离轨，最后坠落在太平洋。“礼炮3号”装备有“玛瑙-1”照相侦察系统和23mm口径的高速航空机关炮。比较值得称道的就是“玛瑙-1”照相侦察系统，航天员可以使用该系统上直径1m、焦距最长6.4m的望远镜，看清地面上的机场、导弹发射场和海洋中的航空母舰，还能看清航空母舰甲板上飞机的数目和型号。另外，高速航空机关炮也作为防御性武器装备在空间站上，以防遭到美国“阿波罗”飞船的攻击。

接下来要介绍的是与“礼炮3号”同年发射的“礼炮4号”空间站，该空间站于1974年12月26日成功发射，而后“联盟17号”于1975年1月12日与该站对接，两名航天员登上该站并停留了30天，而且是在比“礼炮3号”更高的轨道上对地球资源和大气层进行了例行观测，同时在天文物理方面也进行了观察，继续做了植物种植的实验，还第一次使用了电传打字机来传送信号。1975年5月24日，苏联发射了被称作“联盟18号”的航天飞船，两名航天员进入空间站工作了63天。1975年11月17日，苏联发射了“联盟20号”飞船，并与“礼炮4号”空间站对接成功，该艘飞船主要任务是在能量下降条件下检验“联盟号”飞船各系统，该飞船一共运行了90天，并于1976年2月16日离开空间站返回地面。1977年2月2日，“礼炮4号”空间站脱离轨道，共在轨道上运行768天（其中有人时间为93天），“礼炮4号”于1976年2月16日坠入大气层。

接下来，我们介绍苏联第一代空间站的最后一个成员——“礼炮5号”空间站。该空间站于1976年6月22日成功发射，它是军用型空间站，曾经3艘“联盟号”飞船与“礼炮5号”对接，其中两艘成功。“联盟21号”飞船于1976年7月6日发射，并与空间站对接成功，航天员在站上飞行了49天后，于8月24日返回。1976年10月4日，苏联发射了“联盟23号”飞船，但在与“礼炮5号”交会过程中失败。1977年2月7日，苏联发射“联盟24号”飞船，这次与“礼炮5号”空间站对接成功。但航天员在空间站只停留了两星期便返回了。“礼炮5号”空间站持续飞行412天，有人工作时间为67天。

至此，苏联通过上述5个试验性空间站的建造与

“礼炮 7 号”空间站

运行，为建造永久性空间站积累了大量的宝贵经验。

苏联第二代空间站包括“礼炮 6 号”和“礼炮 7 号”，这两座空间站要解决的问题除进一步提高安全性和可靠性外，还要延长寿命和扩展应用领域。

如果空间站轨道高度提高，那么推进剂消耗量会随之成反比下降，“礼炮 6 号”和“礼炮 7 号”空间站正是采用这种较高的轨道。同时，为最大限度地提高轨道运行寿命，第二代空间站具有两个对接窗口，一个用于“联盟号”载人飞船对接，另一个用于不载人货运飞船对接，用于轨道加油和往返运送实验设备、实验物品。

“礼炮6号”空间站于1977年9月29日进入轨道，1982年7月29日坠毁，在此期间，“礼炮6号”空间站共接待过32艘飞船和一个空间舱。同时，在所有登上空间站的航天员中，有5组停留时间较长，最长的“联盟35号”上的波波夫等航天员停留了185天，其他的航天员多是对空间站进行短期任务的“访问”，大约停留8天，带去新的实验，并带回做完实验的结果。航天员进站工作期间，完成了大量科学观测、地球资源观测、人体生物医学研究和技术实验，更具有应用意义的工作则是进行了大量半导体、晶体生长实验和用结晶炉及合金炉进行了金属冶炼实验。航天员还首次熔化了玻璃，这使苏联科学家十分兴奋，这项工作对于制造高性能的光导纤维有重大意义。

“礼炮7号”空间站于1982年4月19日进入轨道，在轨道共运行了3214天，“礼炮7号”空间站飞行期间，航天员们施放了两颗业务无线电通信卫星，苏联第二名女航天员萨维茨卡娅乘“联盟T7号”和“联盟T12号”两次登上空间站，并在1984年进行了空间行走，成为世界上第一个空间行走的女航天员。“礼炮7号”空间站在运行中，曾发生一些故障，最重要的是航天员对其进行了必要的部件更换和修复工作，提高了“礼炮号”空间站的可靠性，延长了飞行周期。航天员共进行了涉及各个方面的120多项实验，拍摄了1万张地球和天空照片，极大地丰富了空间科学宝库，取得了非凡的成就。

# “天空实验室”空间站

1969年7月20日下午4时17分43秒（休斯敦时间），美国人阿姆斯特朗踏上了月球的土地，美国实现了登月计划。在那个“太空竞赛”的背景下，苏联不甘示弱地切换了赛道，直取近地轨道并密集部署“礼炮”计划。而且，美国“阿波罗”登月计划结束后，美国国内出现了对该计划的很多质疑之声，有人就认为登月计划在花费了大量金钱后并未取得与之相称的科学技术成果。

当时，面对苏联“礼炮”计划的逼宫和国内民众的质疑，美国在制订未来航天计划时，就把大型空间站作为重要目标之一，但由于后来美国人的主要精力集中在了航天飞机上，空间站计划又被降为了次要项目，为了在不影响航天飞机研制的情况下，以“花小钱办大事儿”的思路制定了“阿波罗应用计划”，旨在利用“阿波罗”计划的剩余物资来尽可能开展空间研究项目，我们本篇的主角——“天空实验室”空间站就是在这种情况下被提了出来。当然也有人说，美国其实在和苏联开始太空竞赛的初期就开始研究空间站概念，包括科学家冯·布劳恩构思的巨大的、甜甜圈式的空间站等，而且当时美国在运载火箭等方面的相关技术更成熟一些，再开展空间站项目，这种说辞同样也显得十分务实。

无论如何，我们需要知道的是，“天空实验室”空间站是美国继苏联之后开展的国内第一个空间站项目。作为美国第一个环绕地球的试验性航天站，我们

美国“天空实验室”空间站

先从个头上来认识一下这个大家伙，“天空实验室”空间站总长为36m，直径6.7m，重90.6t，内部有效容积达247m$^3$，包括太阳电池在内最大宽度达27m。规模比苏联的“礼炮号”和“和平号”空间站都大。

从结构上来说，“天空实验室”空间站由4部分组成，第一部分是轨道工作站，该工作站由“土星5号”运载火箭的第三级改装而来，直径为6.7m，长度为14.6m，是航天员主要的工作和生活舱室，包括各种生活设施和科学仪器。同时，两个9m宽的大型太阳能帆板也为电力供给提供支持，在空间站发射时，太阳能帆板能够像鸟一样收拢翅膀，而到了太空之后，又能张开臂膀拥抱太空。第二部分是气闸舱，航天员穿上航天服通过气闸舱隔离过渡，出舱实施太空行走。第三部分是多重对接适配舱，包括“阿波罗”飞船的主用和备用对接端口。第四部分是“阿波罗”望远镜，“阿波罗”望远镜包含用于观测太阳的望远镜，可以拍摄太阳的紫外光线和X射线等，望远镜配置了用于获取额外电能的4个可展开太阳能帆板阵列。

另外，“天空实验室”空间站也是第一个使用控制力矩陀螺的大型航天器，高速旋转的陀螺仪依靠转子的角动量，有抗拒方向改变的趋向，而控制力矩陀螺通过调整高速旋转转子的旋转轴方向，对外输出控制力矩，调整航天器的姿态，配合传统姿态控制发动机，确保观测设备的精确指向性。每个控制力矩陀螺直径为21英寸（53.34cm），转子重70.3kg，每分钟旋转约8950转，这些设计和创新无疑为后续空间站设计奠定了基础。

总的来说，“天空实验室”在离地面430km的轨道上运行，其内部构造有实验室、生活区、食堂、厕所，还有专供航天员锻炼身体的“健身房”，航天员在这样的空间中生活非常合适。

“天空实验室”空间站在人类航天史上可以说是昙花一现，无论从运行时间还是到访人员数量，都是相对较少的，但只需要一个机会和理由，便能展现航天专家、工程师、航天员为挽救这项25亿美元计划所表现的机智和果敢。

1973年5月14日，一枚两级的“土星”V运载火箭在肯尼迪航天中心点火发射。火箭第三级的位置上装着“天空实验室”。然而火箭升空后不久，一连串的故障发生了。起飞后63s，技术人员发现头部整流罩已经抛掉，地面控制中心的技术人员从测控设备上发现轨道舱上的微陨石防护罩监测信号不正常，同时太阳能电池板发出的遥测信号不稳定。“阿波罗”望远镜主体的两个电池板也毫无反应。在此期间，“天空实验室”的工作站温度开始升高，在几个小时内许多外部传感器的读数超过了82℃，这是最大读数刻度，内部温度则升至38℃以上。有证据表明微陨石防护罩已经不见了，其第二功能即热控功能的损失逐渐显现，如果失去了微陨石防护罩，工作站壁将直面炙热的阳光，使其空间站内部无法居住，同时空间站内部的各类物资都有可能被高温毁掉。

考验各位科学家的时刻到来了，美国马歇尔航天中心和约翰逊航天中心的专家、工程师和航天员开始毫不停歇地应对各种紧急情况，同时绞尽脑汁研究遮阳方案来冷却空间站并研究航天员对太阳能帆板的抢修方案。经过了一系列的紧急操作和波折研究，1973年5月25日上午，航天员康拉德、凯文和韦茨组成的Skylab2机组，带着遮阳伞和最后一刻赶制出来的备用SEVA帆，乘坐“阿波罗”飞船由一枚“土星”V运载火箭发射升空，几个小时后飞船开始接近“天空实验室”。第二天，航天员开始为空间站遮阳，这项工作进行得比较顺利，虽然遮阳伞没有完全张开，但也明显起了降温作用。他们小心地打开空间站的

“天空实验室”空间站内设备

门，检查了里面有无毒气体，进站工作了一个多小时，使舱内温度降到了31℃。此后的几天，他们一方面进行了研究与试验工作，另一方面研究太阳电池板的修理问题。6月7日，他们在舱外工作了3个多小时，他们先装了一根长7.7m的直杆，一端连在望远镜支架上，康拉德身上绑上一根安全带，爬到太阳电池板附近，把电缆剪钳口对准卡住的碎片，凯文则使劲拉操纵绳索。最后，终于将收缩梁的卡塞物问题解决了，这个电池板终于伸了出来，至此“天空实验室”的几大故障得到了成功排除。

虽然成本上提倡高效节约，但“天空实验室”空间站担负的任务却不少，从执行重大基本任务来说，“天空实验室”计划需要对太阳进行比较充分的观测研究，要进行较长时间的生物医学研究，要对地球资源进行细致的勘测，要进行更为全面的工程技术实验。而且，“天空实验室”空间站是一种试验型的空间站，到 1974 年 2 月，共进行过 4 次发射，其中仅有一座发射成功，在太空先后接待了乘“阿波罗”飞船的 3 批共 9 名航天员驻站工作和生活，分别以 28 天、59 天和 84 天共计 171 天进行较长期的太空飞行，绕地球 2476 圈，旅程达 1.128 亿 km，他们共进行了 42h 舱外活动，记录了 182842 个太阳观测数据，获得了 40286 张地球照片。另外，航天员完成了 16 次医学实验，初步进行了材料加工实验，完成了多项科学实验，拍摄了 4 万多张地球照片和 128 万多张太阳照片，录制了 3 万多米的录像磁带，取得了明显的科研成果。除成功完成了空间站的修理工作外，航天员们还在空间站里进行了许多生物实验，研究了植物在太空中生长与在地球上生长是否不同的问题，研究了细菌在太空的生长情况。在天文学领域，一是第一次观测到一个新彗星——“科豪特克彗星”，并拍摄了 33 张色彩丰富、非常清晰的彗星照片，这对于研究彗星的组成有重要价值。另一项重要成果是拍摄到一次太阳耀斑爆发的全过程。此外，拍摄的有关太阳X射线、紫外线、可见光谱段的照片多达75000张。航天员在“天空实验室”进行的技术实验还有利用电炉和电子束枪进行的空间焊接实验，后来证明焊接质量优于地面。进行了晶体生长实验、半导体掺杂实验，生长出的晶体长达2cm，比预期的长6倍。制造了全新的金锗化合物，这是一种低温下的超导材料。同时“天空实验室”空间站还进行了与军事有关的任务，主要是考察人在太空长期生活和工作的状况，证明航天员完全适应在太空执行某些军事任务。这些工作为太空生产积累了经验，“天空实验室”为以后的载人航天空间科学试验积累了经验。同时，也证明了人在空间站的重要作用，特别是人具有完成空间操作和航天器维修的能力。

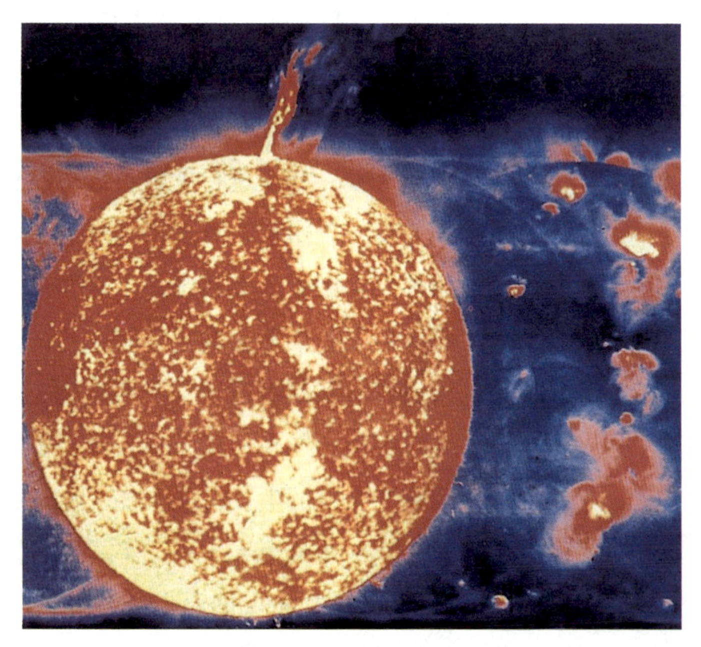

“天空实验室”在太阳观测方面成果

## “和平号”空间站

“和平号”空间站是苏联建造的一个轨道空间站，苏联解体后归俄罗斯。它是人类首个可长期居住的空间研究中心，同时也是首个第三代空间站。

早在1976年，苏联就正式制定了“和平号”空间站计划，“和平号”空间站采用组合式积木结构，核心舱是基于“礼炮6号”和“礼炮7号”的设计。

1986年2月20日凌晨，苏联通过利用一枚三级“质子号”运载火箭，将“和平号”空间站的第一个舱段发射升空，这也是“和平号”空间站的核心舱段，进入了一条和“礼炮7号”复合体相似的轨道。

1987年3月31日，苏联发射了“和平号”上的第二个舱段，这也是“质子”运载火箭发射的第一个实验舱——“量子1号”，开始了“和平号”积木空间站的正式组装工作。同时“量子1号”代表苏联第一次使用了一种全新的空间站设计模块，上面载有科学实验以及天体物理观测设备。

1989年11月26日，苏联又发射了“量子2号”，其主要目的是给空间站提供新的科学实验仪器。在与“量子1号”对接后，航天员通过机械臂把它移到预定的侧向对接口归位。

1990年5月31日“晶体号”专用舱发射，这是第3个与核心舱对接的模块，“晶体号”和以往的模块一样，最初的名字叫“量子3号”，主要功用是在空间飞行条件下，获得特殊性能的结构材料、电子器件、生物制剂和植物栽培工艺。该专用舱于6月10

日与“和平号”对接。

这样，“和平号”空间站的规模逐步扩大，形成了由“和平号”主体、3个大型实验舱和“联盟号”飞船以及“进步号”货运飞船组成的复合体，质量达85t。

“量子1号”发射与“和平号”对接

在此期间，航天员的留空时间也不断延长。1987年12月29日，罗曼年科、亚历山大罗夫和列夫钦科乘“联盟TM-4号”飞船返回地面。罗曼年科创造了在太空工作和生活326天的新纪录。季托夫和马纳罗夫在1988年12月21日返回地面时，把在太空中生活和工作的时间纪录一下提高到366天，其中在“和平号”上逗留364天。1989年9月6日，“联盟TM-8号”载维克多连科和谢列布罗夫进入太空。这次飞行带去了载人太空机动装置，像背包负在身后。它重220kg，有32个推力喷管。利用这个装置可在太空机动飞行6h，可运送90kg重的物品并能救援在太空遇险的受难者。1995年5月20日，第四个专用舱——光谱舱发射，6月1日与“和平号”核心舱对接成功。1996年4月23日，最后一个专用舱——自然舱发射，并于3天后与核心舱顺利对接，从而这个航天史上最庞大的太空设施宣告全部建成。这个太空复合体的总质量约为120t，如果再对接“联盟号”和“进步号”飞船，它的总质量将超过150t。

与“礼炮”系列空间站相比，“和平号”空间站的改进十分明显。第一，对接窗口由2个增加到6个，从而大大提高了空间站的工作能力。第二，首次使用了大面积的砷化钾高效太阳电池，包括3个太阳电池板，总面积98m2，能提供电能10.1kW。第三，站上装有8台计算机，它们控制各种系统和装置的工作，控制空间站的姿态和轨道，为航天员提供各种显示数据，设备自动化程度很高。第四，“和平号”空间站上装有遥控机械臂，它有效地解决了实验舱难以在侧向停泊对接口归位的问题。第五，空间站主体内基本上不装科学设备，主要安装控制台、生命保障系统、身体锻炼设施、生活用品和休息室。第六，“和平号”空间站一开始就能与“宇宙”1700号数据通信卫星通信，使空间站每绕地球一周，可与地面通信40min，比“礼炮”系列空间站长得多。在东经95°、西经16°和西经160°处3颗数据中继卫星发射后，“和平号”空间站已能实现与地面进行实时通信。第七，在应用方面，由于采用了积木结构，“和平号”空间站可以和5个大型专业实验舱对接，因而实验的规模和范围扩大，灵活性也大大提高，整个空间站装置就位后，可为2～6名航天员提供400m$^3$的有效空间，

“和平号”空间站核心舱剖面图

可以提供30～36kW的电力。这些与“礼炮7号”相比跃上了一个新的台阶。

“和平号”空间站采用主舱加专用舱的结构形式，主舱就是核心舱，总长13.13m，最大直径4.2m，总质量20.4t。它由4个基本部分组成：球形增压转移舱、增压工作舱、不增压服务-动力舱和增压转移对接器。“量子号”专用舱共有5个。“量子1号”又称“天文物理舱”，它长5.8m，呈柱形，总重约20.5t。“量子1号”有头尾两个对接口，前部与“和平号”空间站的尾部对接，后部可与“进步号”飞船对接。它由天文观测舱和服务推进舱组成，装有1500kg科学仪器和2500kg各种设备。内部装的科学仪器包括伦琴X射线观测台、紫外线天文望远镜和生物技术实验设备。“量子2号”专用舱又称“服务舱”，长13.7m，总重19.5t。它的外面装有两个太阳电池帆板，面积为53.2m$^2$。主推进系统有两个喷管，单台推力3.92kN。“量子2号”安装的仪器有电视光谱综合装置、X射线测量仪、自动旋转平台、西格马光谱综合装置、伽马-2视频分光计和偏光计系统等。它主要用于天文观测和对地观测，有效载荷总重10.7t。“量子3号”又名“晶体舱”。它长12.5m，总重19.5t，可带有效载荷10.6t，内部有效容积60m$^3$。它有两个对接窗口，一个与“和平号”空间站对接，另一个可与航天飞机对接。它的主要用途是微重力材料加工，因此装有两个先进的微波熔炉。另外，它上面还装有紫外线、伽马射线和X射线探测仪。“量子4号”又名“光学舱”。它长12.5m，总重19.5t，可

“量子 1 号”专用舱模型

装 10.6t 载荷。它主要用于远距离探测、高层大气物理研究和天体物理学研究，科学设备主要是各种谱段的望远镜和照相机。“量子 5 号”又名“自然舱”。它长 12.5m，总重 19.5t，可带有效载荷 10.5t。它主要用于生态学研究，备有国际合作的测量仪器。这些仪器包括雷达、光学雷达、光谱仪、无线电高度表和射频仪。

苏联（俄罗斯）通过发展“和平号”第三代空间站取得了巨大成就，自诞生之日起，共在轨道上运行了 15 年，大大超过了 5 年的设计寿命。它绕地球飞行 8 万多圈，行程 35 亿 km，进行了 2.2 万次科学实验，完成了 23 项国际科学考察计划。共有 31

艘“联盟号”载人飞船、62艘“进步号”货运飞船与其实现对接，还曾9次与美国航天飞机对接和联合飞行。

航天员从这座“人造天宫”进行了78次太空行走，舱外活动的总时间达359h12min。先后有28个长期考察组和16个短期考察组在上面从事考察活动，共有12个国家的135名航天员在空间站上工作。航天员在空间站上进行了大量生命科学实验、空间材料学和医学实验，取得了极为宝贵的成果和数据，拍摄了许多恒星、行星的照片，进行了基本粒子和宇宙射线的探测，大大扩展了人类对宇宙的认识，还探索了从太空预报地震、火山爆发、水灾及其他自然灾害的可能性。“和平号”空间站创下了多个世界第一：它是在太空工作时间最长、超期服役时间最长、工作效率最高、接待各国航天员最多的太空站，俄罗斯航天

“和平号”空间站上进行的植物生长实验

员波利亚科夫创造了单人连续在太空飞行 438 天的最高纪录。此外，“和平号”空间站还在试验人造月亮、空间商业化等方面进行了许多有益的探索，获得了大量数据及具有重大实用价值的成果，为开发利用太空和人类在太空长期生活积累了丰富的经验。“和平号”空间站在运行过程中积累了丰富的经验。苏联航天员多次出舱修理站体或飞船、安装大量太阳电池板、回收实验装置、演习太空救援等，创造了一个又一个作业奇迹。经过长时间的经验，改进了苏联的“联盟”系列飞船、“进步”系列飞船和“质子号”“联盟号”运载火箭的性能。苏联运用这些工具已具备了出入轨道、进站工作、运送给养的能力。难能可贵的是，从 1971 年开始，苏联（俄罗斯）再也没有发生过一起航天员死亡事故，无论是火箭发射失败，还是与空间站对接失败，甚至飞船出现故障，航天员都能安全脱险。这样的伟大成就令美国人感到自叹不如。

2001 年 3 月 23 日，“和平号”空间站走完了 15 年的坎坷路程，带着它创下的无数成就，带着苏联时代的骄傲、带着俄罗斯人民和世界人民的惋惜，从轨道上消失了。

其实，俄罗斯人为了保留“和平号”空间站也曾做出了很多努力，如果要保留，那么必须在 3 个月内，连续发射 3 ～ 4 艘“进步号”货运飞船，才能将“和平号”的高度提高到 500km，才能让它继续工作几年。但现实问题是，从造出一艘“进步号”到安全发射，它需要 22 个月，这就不可能再保留“和平号”。而用新对接的“进步号”只能提升60km，这是维持不了多长时间的。为此，俄罗斯航天局领导人在2001年2月4日的座谈会上提出了“和平号”的技术现状，说明必须在“和平号”可控的情况下销毁。

2001年3月23日凌晨3时33分，俄罗斯地面飞行控制中心下达制动点火指令，“和平号”空间站发动机点火，开始进入坠落轨道；随后，控制中心又下达一系列指令，最终于莫斯科时间9时30分，“和平号”空间站的碎片坠落在太平洋预定海域。

# 国际空间站

为了在与苏联的航天竞争中取得领先优势，1983年，时任美国总统里根率先提出空间站计划。经过十余年的探索和多次重新设计，直到苏联解体、俄罗斯加盟，美国航天局向刚刚成立的俄罗斯联邦航天局抛出了橄榄枝，计划共同建设国际空间站。国际空间站的命名，也经过了美俄两国的博弈和妥协。

国际空间站最初提议的名字是“阿尔法空间站”，但是遭到俄罗斯的反对，俄方认为起名阿尔法，暗示国际空间站是人类历史上第一个空间站，可是事实上苏联以及后来的俄罗斯先后成功地运行过8个空间站。俄罗斯也提议，将空间站命名为亚特兰大，但是这个议案遭到美国的反对，美方认为亚特兰大的读音和拼写太接近传说中沉没的大陆“亚特兰蒂斯”，其中似乎隐含了不祥的征兆，而且亚特兰大这个名字也容易与美国的一架航天飞机“亚特兰蒂斯号”航天飞机相混淆，最终，这一空间站起名为“国际空间站”，既是一种折中的妥协，也预示着这一项目将采用国际合作的方式。事实也正是如此，该空间站以美国、俄罗斯为首，参与建设的国家包括加拿大、日本、巴西等共16个国家参与研制。

虽然国际空间站的命名没有采用最初提出的阿尔法空间站，但是空间站的无线电呼号却是阿尔法，这个呼号是空间站第一批乘员登站时确定的，当时国际空间站的名字仍然未定，时任NASA主席的丹尼尔·戈登（Daniel S.Goldin）便给空间站取了一个临

国际空间站

时呼号“阿尔法”，这个呼号最后沿用下来，成为空间站的正式电台呼号。

国际空间站计划的前身是NASA的自由空间站计划，这个计划是20世纪80年代美国战略防御计划的一个组成部分。在1987年12月1日NASA宣布波音公司、通用电气公司、麦道飞机公司和洛迪恩推进动力公司获得了参与建造空间站的订单。老布什执政期间，“星球大战计划”被搁置，自由空间站也随之陷入停顿，1993年时任美国总统的比尔·克林顿正式结束了自由空间站计划。冷战结束后在美国副总统戈尔的推动下，自由空间站重获新生，NASA开始与俄罗斯联邦航天局接触，商谈合作建立空间站的构想。

国际空间站建设分3个阶段进行，第一阶段：1994—1998年，主要进行了9次美国航天飞机与俄罗斯“和平号”空间站的交会对接，取得了宝贵的经验；第二阶段：1998—2001年，主要目标是建成1个具有载3人能力的初期空间站，美国和俄罗斯等国经过航天飞机、“质子号”火箭等运输工具15次的飞行，完成了国际空间站第二阶段的装配工作，达到了3人在轨工作的能力；第三阶段：2000—2011年，该阶段为最终的装配和应用阶段，不得不提的是，国际空间站的预算远远超过了NASA最初的设计，由于机械故障等原因，建造周期也比预想的要长，2011年12月，最后一个组件发射上天，标志着组装工作结束，空间站正式建设完成。

国际空间站由下列部分组成：俄罗斯“进步-M45”“联盟-TM23”“进步-M-C01”飞船，俄罗斯的“晨星号”服务舱、“曙光号”工作舱，美国的“团结号”连接舱和“女神号”实验舱、俄罗斯“黎明号”小型

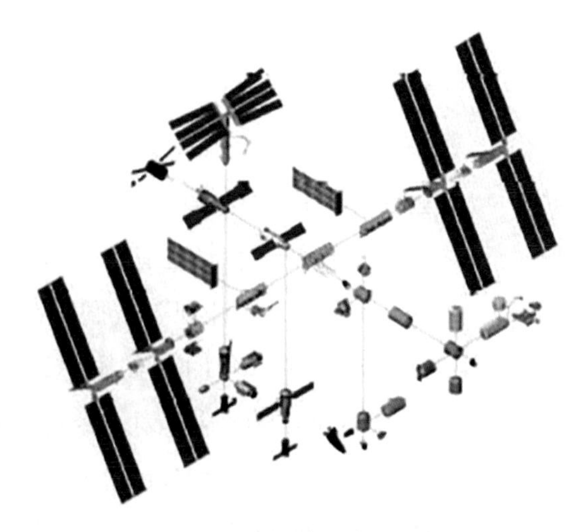

国际空间站组成示意图

实验舱等。

组装成功后的国际空间站作为科学研究和开发太空资源的手段，为人类提供一个长期在太空轨道上进行对地观测和天文观测的机会。在对地观测方面，国际空间站比遥感卫星要优越，因为当地球上发生地震、海啸或火山喷发等事件时，在空间站上的航天员可以及时调整遥感器的各种参数。在天文观测方面，国际空间站也具有一定优势，因为有人参与观测，加上机动的观察测定方法，可以充分发挥仪器设备的作用。同时，国际空间站还可进行生命科学研究，这可分为人体生命与重力生物学两方面：人体生命科学的研究成果可直接促进航天医学的发展，重力生物学和材料科学的研究与应用有广阔的前景，而国际空间站的微重力条件要比“和平号”空间站和航天飞机优越得多，特别是在材料发展上可能起到一次革命性的进展。仅就太空微重力这一特殊因素来说，国际空间站就能给研究生命科学、生物技术、航天医学、材料科学、流体物理、燃烧科学等提供比地球上好得多，甚至在地球无法提供的优越条件，直接促进这些科学的进步。

既然是多国参与合作，国际空间站自然不会应用于军事用途。但空间站真的不会被用于军事吗？1987 年，前美国国防部长温伯格在美国国会发表演讲时说：“苏联已经用‘礼炮号’空间站进行了 16 年的空间军事活动，美国已经落后了，必须改变这种状况，研制一个永久空间站。”温伯格说：“苏联的‘和平’空间站主要目的是军事应用，苏联人在空间站上通过视力观察、照相及光学感知设备进行军事活动或实验。苏联在‘礼炮 6 号’上试验过空间激光武器，因定向问题以失败而告终。”我们不排除美国军方为了发展空间站而夸大其词的可能，但空间站具有潜在的军事用途，却是个不争的事实。空间站不仅服役寿命长，而且平台大，具备巨大的军事潜能，当航天强国具备独自建设空间站的能力时，军用空间站也将随之而来。

在侦察预警方面，从空间站可以直接观察陆地、海洋和航空飞行活动，可以实时发现目标的变化，如果借助各类光学感知设备，将极大地提高人类的太空实时观测能力。甚至是变化轨道，对要侦察的目标进行详细侦察，进行实时指挥。例如，苏联的“礼炮 7 号”的航天员就曾参与对苏联地面部队的烟幕隐蔽效果进行评估，还参与过弹道导弹试验，对发射导弹和导弹拦截进行观察，还参与过苏联海军的训练，获取海面舰船活动情报并参与指挥训练，进行过一次海、陆、空、天协同的作战演习。

空间站在战略导弹防御系统中也可以发挥巨大作用。航天员在空间站上具有良好的视野，通过配备红外或其他类型的传感器，就能够实时监测地球上发射的战略导弹，进行战略预警。

我们知道，卫星在现代战争中发挥着侦察、预警、通信、导航等各种作用。现有对卫星的打击多采用陆基、海基或空基，通过导弹等打击武器，实现对敌方卫星的硬摧毁。空间站作为天基的作战平台，如果用于打击卫星目标，将具有巨大优势，比起地面和空中武器具有快速反应优势，所受干扰也最小。

空间站还可以作为空间武器的试验场。空间武器用来摧毁敌方的航天器和弹道导弹。新空间武器有激光、粒子束等定向能武器和动能武器。苏联的空间站和美国的航天飞机都进行过太空轨道上激光跟踪空间目标的试验。

空间站还可以作为太空中的作战指挥所。军用载人空间站可应用于战场管理、监视、指挥和控制，支援海、陆、空等作战域的作战。由于空间站有较好的信息获取和信息交换条件，还具备一定的轨道机动能力和主动防护能力，因此，空间站也具备作为作战指挥所的可能。

空间站还可以成为航天装备的航天港和后勤保障基地。当轨道上的卫星发生故障，可由轨道机动飞行器将待维修的卫星拖回空间站，由空间站上的卫星维修车间维修后，重新释放回原有轨道，比起重新从地面发射卫星，成本将大大降低。

# 未来已来

太空是国家安全的“制高点”，是国家重大利益所在。在日益拥挤、对抗、竞争、多极化的空间态势下，主要航天国家都发布了重要的航天战略和政策，布局军事航天的未来发展，加快了航天装备的更新换代。如果把人类进军太空比作一台规模宏大、威武雄壮的戏剧，那么过去的20世纪可能仅仅是航天发展的序幕，21世纪将进入剧目的高潮，太空的军事化、航天装备的武器化将越来越明显，军事航天装备也将日益呈现出体系化的发展趋势，我们将不得不发出这样的感慨，未来已来。

## 星球大战计划

1983 年 5 月 25 日，随着席卷全球的太空热，一部科幻电影在北美上映,《星球大战》系列电影自 1977 年上映后，就成为好莱坞的金字招牌，因其前所未有的太空场面，纷繁复杂的星系斗争，火遍全美，被誉为美国精英主义的代表之作。星战再火爆，终究是科幻。美国人怎么也不会想到，就在同年，美国政府竟然发布了现实版本的“星球大战计划”。

1981 年 9 月 4 日，苏联一次性出动 10 个以上的集团军和坦克近卫军、超过 1 万个装甲单位，四大舰队齐聚波罗的海沿岸，在北约眼皮底下上演了一次如何“推平欧洲”。这场被称为“苏联最后的狂欢”的

1981 年苏联进行的“81－西方军演”

演习便是历史上著名的“81- 西方军演”，它也是到目前为止人类历史上规模最大的军事演习。这场演习结束后，苏联极其强大的军力引发了整个西方世界的恐

慌。而且，由于苏联建设了更强大的核攻击力量，美国为了不败下阵来，进而保证其战略核力量的生存能力和可靠的威慑能力，进而计划通过建立有效的反导弹系统，维持其核优势。而更重要的则是为了压垮苏联，利用两国争霸投入的巨额资金来拖垮原本经济困难的苏联。里根曾在日记中指出："物理学家爱德华·特勒提出了一个令人兴奋的想法，即核武器与激光相结合……在地球上空拦截并摧毁敌方导弹。"

在此背景下，1983 年 3 月 23 日晚，时任美国总统的里根在白宫发表电视演讲，宣布将特勒提出的设想发展为战略防御计划。建立一张"天网"，让苏联的核导弹变得毫无用处，并将其正式命名为"战略防御倡议"（SDI）计划，当时舆论界就以时髦科幻影片"星球大战"来称呼这项计划。

1983 年上映的影片《星球大战Ⅳ：绝地归来》

里根表示苏联的战略核威慑能力已经超过了美国，并自贬美国的核威慑相比苏联实在太弱了，如果苏联先发动核攻击，美国虽然有反击能力，最后的结果一定是两败俱伤。美国要利用在外太空技术上的优势，研制所谓的"太空超级武器"，计划所设想的主要武器包括天基定向能武器（如化学激光武器、核能、X 射线激光器、中性粒子束武器）和动能武

1983年3月23日，时任美国总统里根通过电视发出“战略防御倡议”（SDI）

器（非核拦截弹和超高速电磁炮等），以便层层拦截苏联导弹，在核导弹进入美国前，提前拦截并摧毁。由于该计划聚焦于外太空，因此人们又习惯借助于电影的称呼，称其为“星球大战计划”。里根总统在演讲的结尾，还不忘心系全球，脱口而出，希望这项计划能改变人类历史的进程。

1985年1月，完整的“星球大战计划”蓝图公开，该计划不仅作战理念极其先进，武器系统也是划时代的：不仅使用常规弹头，还将使用激光束、粒子束、电磁轨道炮和截击弹等各种高新技术武器，这些武器将被部署在外太空、高空和地面，形成一个多层次的防御系统。

总的来说，洲际弹道导弹的轨迹根据受力的特点分为主动段和被动段，而被动段根据是否受空气阻力又可分为自由段和再入段。第一个阶段是导弹从发射装置发射到飞出大气层的过程，这个阶段是在大气层内飞行，一般称为导弹的助推段，也称上升段。第二个阶段就是导弹飞出大气层外，在大气层外向目标区域飞行的过程，一般称为飞行中段。第三个阶段就是导弹到达目标区域上空附近，重返大气层，命中目标的过程，一般称为重返大气层阶段或再入段，即末段。

为了实施层层拦截，“星球大战”系统构成了“四道防线”：第一道防线由天基侦察卫星、天基反导弹卫星及其携带的武器系统组成，用星载常规武器或定向武器攻击刚刚发射不久或正在穿越大气层的战略导弹；第二道防线由陆基或舰载激光武器组成，摧毁穿出大气层的分离弹头；第三道防线由天基定向武器、动能武器或陆基或舰载激光武器组成，攻击再入大气层前阶段飞行的核弹头；第四道防线由反导导弹、动能武器、粒子束等武器组成，摧毁重返大气层后的“漏网之鱼”。根据最初设想，每层拦截的成功率高达90%，经过四层拦截，可击毁来袭导弹99.9%。

这个计划看似宏大，很多人却认为这个就像它的名字，像是编造出来的科幻电影。美国前总统卡特就曾经批评里根政府当时推动的“星球大战计划”几乎不可能实现，缘由是这一针对苏联核武器的防御系统所需激光武器及其他设备连实验室都没“走出来”，怎么能让人们相信，靠这些就能对付苏联人的核导弹呢？而且伴随着计划的执行，质疑声从未间断过，很多人认为，从科学常识来看，导弹防御系统只不过是个荒谬骗人的小把戏。甚至美国政府的官员直接站出来说“星球大战计划”涉嫌弄虚作假。据美国《纽约时报》1993 年报道，四位前里根政府的官员说，“星球大战计划”的负责人在 1984 年的一次重要试验中弄虚作假，伪造数据，不仅给苏联造成错觉，而且也给国会造成错误的印象。

这个欺骗计划是为了给克里姆林宫半真半假的情报，以诱使苏联人把数百亿美元用于对付美国研制太空防御系统的努力。但是，原来打算用来欺骗克里姆林宫的假情报也被写进送给国会的秘密简报中，帮助说服国会增加战略防御计划的经费。

显然，美国人的计划奏效了，苏联人感到了不安。苏联领导人十分关注美国的战略防御计划，并深感担忧。1986 年 10 月，苏联总统戈尔巴乔夫在冰岛与美国前总统里根会晤时，试图以拆除所有弹道导弹为诱饵，劝说里根放弃“星球大战计划”。里根当然没有同意。但苏联对“星球大战计划”担心到何种程度，中情局一直没有搞清楚。冷战中，苏联投入了巨大的资源，用来发展军事等重工业和美国进行军备竞赛，因此轻工业的投资就异常稀少，而轻工业可是关乎民生的大事，如果苏联的经济搞不上去，国内局势就会出现动荡。

总的来说，由于苏联拥有比美国更强大的核攻击力量和导弹破防能力，美国害怕“核平衡”的形势被打破，需要建立有效的反导弹系统，来保证其战略核力量的生存能力和可靠的威慑能力，维持其核优势。同时，美国也是想凭借其强大的经济实力，通过太空武器竞争，把苏联的相对薄弱的经济拖垮，“星球大战计划”最终成为压垮苏联帝国的最后一根稻草。

有人认为“星球大战”只是美国政府为了拖垮苏联而采取的一种宣传手段而已，随着美苏冷战结束，“星球大战”的时代已经结束。不过，“星球大战计划”的成果与试验的装置仍然发挥着作用。例如，美国白沙试验场，研究“光束飞船”用激光代替化学燃料的激光仍然是来源于“星球大战计划”中所使用的仪器。美国现有的洲际弹道导弹预警与拦截系统仍然基于“星球大战计划”成果。

## 空间武器

美国的“星球大战计划”虽然无疾而终，但发展空间武器的脚步却从未停止。越来越多的国家已经认识到空间武器的重要性。通过空间武器，可以对敌方的航天器或导弹进行反击，夺取制天权，阻止敌人利用太空，甚至是从太空发动对地面、空中和海洋目标的攻击，这些军事需求，都促使了空间武器的快速发展。

空间武器也有广义和狭义之分。狭义的空间武器特指部署在太空中，用于杀伤航天器以及地球上目标的武器。广义的空间武器则包括部署在宇宙空间和陆地、海洋与空中，用于打击、破坏与干扰空间目标，以及从空间攻击陆地、海洋与空中目标的所有武器。空间武器通常包括反卫星武器、轨道轰炸武器、部分轨道轰炸武器、天基反导武器等类型。主要攻击航天器、飞机、洲际导弹、地面指挥与通信设施、导弹基地与航天器发射设施等。

空间武器的杀伤手段通常分为核能、动能与定向能 3 种。核能杀伤是利用核装置爆炸产生的热辐射、核辐射与电磁脉冲等效应破坏目标的结构或使之失效。动能杀伤是依靠高速运动物体的动量破坏目标，一般是利用火箭推进或电磁力驱动的方式把弹头加速到很高的速度，并使其与目标直接碰撞来实现的，也可通过弹头携带的高能炸药爆破装置在目标附近爆炸产生密集的金属碎片击毁目标。定向能杀伤是通过发射高能激光束、粒子束、微波束直接照射破坏目标，通常把采用这几种杀伤手段的空间武器分别称为高能激光武器、粒子束武器、微波武器。

空间核能武器就是用于太空中的核导弹，核武器的杀伤范围大，对制导精度要求不高，但空间核爆炸产生的负面影响也比较大。美国于 1962 年进行了一次太空核爆炸试验，从美国的约翰斯顿岛上发射了一枚核弹，被命名为“海星一号”。核弹头于距离地球表面 400km 处被引爆。虽然 400km 处的大气层微薄到可以忽略不计，但爆炸所产生的电磁波辐射，影响范围超过 1300km，夏威夷和新西兰的电力系统和通信系统受到了严重影响，不仅如此，核试验所产生的辐射带对卫星产生了巨大的影响，令当时地球轨道上 1/3 的卫星发生了失灵。可以说，空间核能武器的使用就是一件“伤敌一千，自损八百”的事，虽然现在核武器技术得到了长足的发展，核武器小型化等技术取得了突破，但各国对于在太空使用核武器还是异常慎重的。联合国于 1966 年通过了《外层空间条约》，全称《关于各国探索和利用包括月球和其他天体在内外层空间活动的原则条约》，可以说是国际空间法的基础，其中明确要求各个签署国不得在太空布置大规模杀伤性武器，同时也禁止在外层空间进行核试验。因此，空间核武器至今还是空间武器的禁区。

天下武功，唯快不破！动能武器是利用高速（起码 5 倍于声速）的弹头，利用弹头的动能直接撞毁目标的武器。根据发射装置的推进原理，动能武器一般可分为采用助推火箭作为发射装置的动能拦截弹和以电磁力作为驱动力的电磁炮。

动能拦截弹通常由推进系统、弹头、探测器、制导与控制系统等部分组成。推进系统提供将弹头加速到高速所需要的动力，可采用火炮或火箭作为推进系统。弹头是动能武器威力的直接体现。动力学告诉我们，弹头的动能大小与弹头质量和弹头速度的平方成正比。实验表明，只要使弹头有极高的速度，并采用精确控制与制导技术，就可以命中并摧毁几千千米之外的洲际导弹。制导就是使动能弹具有精确寻找目标的能力，主要依靠在弹上安装有高精度传感器的制导与控制系统。美国在“星球大战计划”中，就曾研制过用于拦截洲际弹道导弹的动能拦截弹，也可以用于反卫星。美俄等国家都积极研发动能弹，多款动能拦截弹已部署和装备部队，初步具备了对弹道导弹和低轨卫星的拦截能力，达到实战要求。

美国率先开始研究电炮技术，如今，研究中的电炮主要分为电磁炮和电热炮两种类型。电磁炮利用电磁能来发射炮弹。电热炮又称电热化学炮，利用电能转变为热能，使推进剂燃烧，产生高温高压气体，发射高速弹丸。一般是用高电压、大电流的短脉冲电流产生高温等离子体，使高能、轻质的非爆炸物质燃烧产生高压电离气体把弹丸推出炮膛，因此又称“增燃等离子炮”。根据气体动力学原理估算，电热炮发射的弹丸初速最高可达 3 ～ 4km/s。

电磁炮的理论基础是法拉第电磁感应定律，根据结构不同，电磁炮又可分为轨道炮、线圈炮和重接炮。2010 年 12 月，美国海军在弗吉尼亚州达尔格林水面作战中心，成功试射了电磁炮，试验中，炮弹以

5倍声速，击向200km外的目标，射程为海军常规武器的10倍，而且破坏力惊人。经过几十年的研究和发展，电磁炮技术在理论上已经基本成熟，开始向武器化、实用化发展，天基电磁炮在不远的将来，也会走向太空，并产生深远影响。

定向能武器，又称“束能武器”，是一种利用某种方式在物体表面产生极高的能量密度，从而使敌方的人员和电子设备、武器等受到伤害，产生强大杀伤力的武器。将这些武器装备依其发射的能量的载体不同，定向能武器可以分为激光武器、微波武器、粒子束武器、声波武器、射频武器等。它利用激光、微波、粒子束、声波等的能量，产生高温、电离、辐射、声波等综合效应，从而对目标造成毁伤。

很少有武器能像定向能武器那样具备巨大吸引力，其能够从远距离精确打击目标，而且弹药可以源源不断地供给，大家都认为定向能武器是一项日益成熟的颠覆性技术，可能“改变游戏规则”，会推动战争形态的演变。美国曾在天基激光器等高能激光器项目上花费了数十亿美元，但至今也没有一套实际运行的定向能武器系统投入使用。可见想要突破定向能武器通向实用化的一系列科学、技术和工程的瓶颈，也并不是一件容易的事。

不同的定向能武器对物体造成毁伤的机制也不同。激光武器可以依靠高强度电磁波对敌方造成伤害。不同波长的电磁波造成伤害的机制并不完全相同，如波长较长的电磁波主要引起热破坏，而波长较短的电磁波则主要是靠破坏敌方人员、设备等表面的各种化学键来破坏目标。粒子束武器则主要利用粒子束极高的动能对敌方造成毁伤，而声波武器却主要依靠自身在空气中产生的冲击波在对目标造成毁伤。

目前，有望率先实现突破的定向能武器还是激光武器，天基激光武器是把激光器与跟踪、瞄准系统装到空间平台上而构成的一种定向能武器。天基激光武器可以摧毁全球范围内飞出大气层的助推段导弹。要在太空击落导弹，需要让高能激光系统实现兆瓦级的输出功率。在现有的技术条件下，想要在太空实现这么大的能量输出，还是非常困难的。

太空定向能武器设想图

# 航天装备展望

公元1966年12月19日，联合国大会通过了一部由105个国家签署的太空国际法——《外太空公约》,1967年10月10日生效，有效期被定为永久有效。公约中明确约定了，探索和利用外太空应为所有国家谋福利，而无论该国的经济或科学发展水平如何。地球轨道、天体或其他外太空间，不得部署核武器或其他大规模毁灭性武器，和平是通往宇宙的唯一途径。可以说，在这部太空“宪法”的保障下，太空的和平延续至今，但太空军事化的步伐却没能因这部法律的存在而停下脚步。

随着美苏冷战的结束，人类似乎是结束了太空中的军事竞争，但以海湾战争为代表的现代战争，又一次次向人们证实了，太空军事力量的发展在现代战争中的地位不仅没有降低，反而越来越重要。至今，全世界共有60多个国家角逐于太空领域，发射了7000多个航天器。空间的安全在国家安全中的地位和作用越来越突出。太空正成为军事力量直接对抗的新战场和新的战争制高点。

1957年2月，被称为美国战略导弹之父，时任美国空军少将的施里弗曾说过：“从深远的角度分析，一个国家要想获得安全，需要依赖于太空技术。在今后数十年内，重大的战役或许不会在海面或空中爆发，而是在太空中进行。我们必须动用足够的国家资源来确保太空领域的优势地位。我们要去月球建造基地，还要去浩瀚的宇宙进行星际航行！”同年9月，人类建造的第一个航天器——“伴侣 1 号”进入了太空。时至今日，美国的发展也印证了施里弗的预言，美国对太空已经高度依赖，超过 70% 的通信和接近 100% 的定位导航要依靠卫星，海湾战争以来的历次战争实践也不断证明了“国家安全依赖于太空技术”的正确论断。只要是国家利益拓展到的领域，必然会有军事力量的安全保障，也必然成为军事力量的角逐场。

未来，决定战争胜负的可能不是空战、不是海战，而是以夺取制天权为目标的太空战争。在日益拥挤、对抗、竞争的空间态势下，主要航天国家都发布了重要的航天战略和政策，布局未来航天发展，加快航天军事化的步伐，加快航天装备的更新换代。2019 年 2 月，美国发布《4 号航天政策令》，明确美国天军的首要使命是夺取制天权，确保美国自由进出太空，以及在太空域的行动自由。8 月成立了太空司令部，负责统一指挥美军各作战域的太空作战行动。12 月 20 日，美国成立天军，成为继美国海军、陆军、空军、海军陆战队和海岸警卫队之后的第六大军种。2015 年 8 月，俄罗斯成立的空天军开始担负作战值班任务，负责统一指挥和管理空天防务、防空和反导力量。空天军的成立，统筹整合了多个领域的力量和资源，建成了集航空航天、防空防天于一体的空天作战体系。2020 年 6 月，美国防部发布了《国防太空战略》，又正式推出了美国太空力量建设与运用的战略指导文件，预示着美国的太空武装力量体系正趋于完善。法国于 2019 年发布了《太空防御战略》，并于 9

月成立了隶属空军的太空司令部，负责制定军事太空政策和实施太空作战。日本也出台了新版的《宇宙基本计划》，重新调整未来航天发展政策、方向和措施。开始注重军事航天，发展空间军事力量，并于2020年成立了太空部队。

太空军事化，是各大航天强国在综合国力竞争过程中所产生的必然结果。可预见的未来，随着各国航天技术的快速发展，各国都会加强太空中军事力量的部署，新的作战理论也将如雨后春笋般涌现，对空天的争夺将更加激烈。各国也会加大航天装备的研发力度，促进航天装备的换代升级。运载火箭将变得更强大，运送更多的载荷，呈现更快的发射频率，出现更多的可复用火箭；军事卫星将变得更多能，更多的“星链”和“星座”将提供强大的指挥、控制、通信、情报以及侦察和监视能力；各类空间飞行器将变得更加智能，自主飞行、自主维护、自主执行各类空间任务；空间武器将完成从研制到部署的跨越，激光反卫星、空间动能武器都可能进入我们的视野。

时间的车轮滚滚向前，航天装备在百年发展历程中，从无到有，从弱到强，新装备、新力量不断涌现，新技术层出不穷。展望未来，太空正逐渐成为全球战略竞争焦点，科幻电影中的太空作战场景也将一步步实现。我们不得不发出由衷的感慨——未来已来！